E=mcQuadrat

Über den Autor:
Heribert Genreith, Jahrgang 1957, studierte an der Universität zu Köln zunächst Geschichte und schließlich Geophysik. Er machte in 1988 seinen Abschluss in theoretischer Plasmaphysik mit einer Arbeit zu Magnetosphärenwechselwirkungen des Jupiter-Io-Systems.
So entstand aus der Beschäftigung mit astronomischen und kosmologischen Themen das Bedürfnis, ein kleines und praktisches Lehrbuch zum Erlernen der speziellen und allgemeinen Relativitätstheorie zu erstellen: so schmerzlos wie möglich, aber doch so tiefgehend wie nötig!

Heribert Genreith

E=mcQuadrat

Was du schon immer über
Relativitätstheorie
wissen wolltest.

Bibliografische Information der Deutschen Nationalbibliothek
Die Deutsche Nationalbibliothek verzeichnet diese Publikation in der Deutschen Nationalbibliographie; detaillierte bibliografische Daten sind im Internet über http://dnb.d-nb.de abrufbar

Copyright 2007 Heribert Genreith
Herstellung und Verlag: Books on Demand GmbH, Norderstedt
ISBN 978-3-8370-0563-9

Inhaltsverzeichnis

I Die spezielle Relativitätstheorie (SRT)   10

1 Die Theorie von 1905   11
    1.1 Die Galileitrafo 11
    1.2 Die Lorentztrafo 12
    1.3 Das SRT-Additionstheorem für Geschwindigkeiten 14
    1.4 Die relativistische Masse in der SRT 15
    1.5 Die relativistische Energie und Impuls in der SRT 17
    1.6 Kurze Diskussion der SRT bis hierhin 18
    1.7 Gleichzeitigkeit 21
        1.7.1 Kurze Diskussion der Gleichzeitigkeit 22
    1.8 Die Geometrisierung der SRT 25

II Die Allgemeine Relativitätstheorie (ART)   33

2 Die Theorie von 1915   34
    2.1 Die Geodätengleichung 35
    2.2 Newtonsche Näherung 38

3 Intermezzo: Gute Physik, schlechte Physik   43
    3.1 Newton betritt die Szene 45
    3.2 Maxwell tritt auf 48
    3.3 Albert kommt! 51
    3.4 Albert legt noch einen drauf... 52

4 Die Feldgleichungen   **55**
    4.1   Die Einsteinschen Feldgleichungen 56
    4.2   Vor der harten Mathe: Resümee bis hierher... 60

5 Mathematik, Teil I   **63**
    5.1   Tensoren 64
    5.2   Tensoralgebra 67
         5.2.1   Wir berechnen eine Raumkrümmung 68
    5.3   Der Metriktensor 71
    5.4   Mannigfaltigkeiten 77

6 Die Schwarzschildmetrik   **80**
    6.1   Newtonsche Betrachtungsweise 80
    6.2   Relativistische Betrachtungsweise 84
         6.2.1   Die Krümmung der SSM 86
    6.3   Gibt es schwarze Löcher? 87
         6.3.1   Die SSM im Aussenraum 87
         6.3.2   Die SSM im Innenraum 89
         6.3.3   Alice 90
         6.3.4   Back to the roots... 93
         6.3.5   Stellare und sonstige Schwarze Löcher 94
    6.4   Zusammenfassung 97

7 Mathematik, Teil II   **99**
    7.1   Die kovariante Ableitung 99
    7.2   Besondere Eigenschaften von (;) 102
    7.3   Der Krümmungstensor 104

8 Der Energie/Impulstensor   **107**

Vorwort

Dieses Tutorial zur Theorie der Relativität will weder vollständig noch allzu genau oder gar weltbewegend sein. Es soll, wie der Amerikaner sagt "quick and dirty" sein. Die übliche Diskussion physikalischer und naturphilosophischer Feinheiten werden zugunsten einer schnellen Aneignung der Theorie zurückgestellt. Es wird lediglich Wert darauf gelegt, dass die wichtigsten Erkenntnisse der Theorie nachvollziehbar hergeleitet werden, so dass der interessierte Leser Kopf und Fuß an die Angelegenheit kriegt, ohne von zuviel höherer Mathematik und relativistischen Feinheiten erschlagen zu werden. Ich denke nichts geht über die eigene Anschauung: Wie komme ich auf $E = mc^2$ oder den Schwarzschildradius $r = 2GM/c^2$? So wie du am ehesten glaubst, was du mit eigenen Augen gesehen hast, so sehr wirst du Theorien eher akzeptieren, die du im wesentlichen selbst nachgerechnet hast. Dieses Tutorial ist daher geradeaus aufgebaut, so wie man sich durch die Theorie stückweise durchbeisst, angefangen bei der technisch einfachen (wenn auch nicht gleich intuitiv selbstverständlichen) speziellen Relativitätstheorie bis hin zur mathematisch anspruchsvollen allgemeinen Theorie. Um den Lesefluss derjenigen nicht zu stören die bereits über eine gewisse mathematisch-physikalische Vorbildung verfügen, werde ich etliche Erläuterungen in *Fussnoten* unterbringen. Ich bitte daher diese ggf. auch zu lesen.

Am Anfang der (speziellen) Relativitätstheorie stand eine simple und sehr erstaunliche *experimentelle* Feststellung: In gegeneinander bewegten Bezugssystemen ist die gemessene Lichtgeschwindigkeit *immer von konstantem Betrag* $c \cong 3 \cdot 10^8$ m/sec! Das ist aber eine mächtige Zwickmühle: Als Beispiele nehme dir einen fahrenden Zug, in dem du einen Tennisball mit 100 km/h in Fahrtrichtung gegen eine Wand schlägst. Der Zug rast währenddessen mit 150 km/h durch einen Bahnhof. Schiesst du den Ball jetzt statt gegen die Zugwand in Fahrtrichtung dem Bahnhofsvorsteher gegen den Kopf, dann kriegt der die Wucht eines Tennisballs von 250 km/h zu spüren. Entsprechendes würde man auch für einen Lichtstrahl erwarten: Bewegt sich eine Lichtquelle auf einen Beobachter mit der Geschwindigkeit v zu, so müsste die gemessenen Geschwindigkeit des von daher ausgehenden Lichtstrahls $V_g = c + v$ sein, also höher sein, und umgekehrt, wenn sich die Lichtquelle vom Beobachter wegbewegt, eben niedriger.

Aber das ist definitiv nicht der Fall! Da man mit Hilfe von Interferenzmustern auch sehr geringe Abweichungen der Lichtgeschwindigkeit zweier Lichtstrahlen zueinander problemlos nachweisen kann, hätte man den Effekt unbedingt im Experiment sehen müssen. Da war aber beim besten Willen nichts zu finden. Wie kann das sein? Man hat zuerst versucht, diese verrückte Tatsache irgendwie mit Hilfe komplizierter Äthertheorien[1] wegzudiskutieren und man hat verschiedene Messungen vorgenommen um dem vermeintlichen Fehler auf die Spur zu kommen. Die berühmteste Präzisionsmessung dazu ist der Michelson-Morley Versuch, wobei auf einem Interferrometer von ein paar Metern Größe der Effekt unterschiedlicher Lichtgeschwindigkeiten gesucht wurde, aber man hat auch an Sternenlicht gemessen, um eventuell unbekannte irdische Phänomene auszuschliessen. Alle Versuche endeten immer mit dem gleichen Ergebnis: Es existieren keine messbaren Variationen in der Lichtgeschwindigkeit und schon garnicht in der normalerweise zu erwartenden Größenordnung. Würde sich also ein Raumschiff mit c auf dich zubewegen und dabei einen Lichtpuls in deine Richtung aussenden, so wirst du nicht $V_g = c + c = 2c$ messen, sondern tatsächlich misst du immer nur $V_g = c$!

Der Ausweg ist die sogenannte Lorentztransformation für gleichförmig gegeneinander bewegte Bezugssysteme, nach der Raum und Zeit eine angemessene Beschreibung erhalten. Die Transformation ist nach Lorentz, und nicht nach Einstein, benannt, da dieser sie schon früher gefunden hatte. Lorentz und andere nahmen jedoch an, das es sich dabei nur um einen speziellen elektrodynamischen Effekt handele, der zwar für Lichtstrahlen von Belang, nicht aber

---

[1] Es gibt auch heute durchaus respektable Wissenschaftler, die weiterhin an Äthertheorien festhalten, d.h. an der Festlegung eines ausgezeichneten Bezugssystems. Ich will hier nicht weiter darauf eingehen, aber man könnte pauschal dazu sagen, daß erstens die Theorie dadurch nicht einfacher wird und zweitens durch die Einführung mutmasslich völlig unnötiger Komplikationen erschwert und uneleganter wird. Für dieses Tutorial spielt diese Anschauung jedenfalls keine Rolle.

auf allgemeine mechanische Systeme anzuwenden wäre.

Wenn schon die spezielle Relativitätstheorie (SRT) einiges zu denken aufgibt, so ist deren logische Weiterentwicklung zu einer Theorie der beschleunigten Bezugssysteme, der Allgemeinen Relativitätstheorie (ART), erst recht ein faszinierendes Abenteuer. In der vorliegenden Einführung in die Relativitätstheorie werde ich mich auf die möglichst kurze und griffige Darstellung und Herleitung der bekanntesten Zusammenhänge beschränken. Der Leser erhält hiermit einen mathematisch-physikalischen Ausgangspunkt für weitere Studien.

Teil I

Die spezielle Relativitätstheorie (SRT)

Kapitel 1

Die Theorie von 1905

1.1 Die Galileitrafo

Die klassische, in Jahrtausenden gewachsene, Ansicht von Raum und Zeit gewährt diesen Entitäten eine ganz individuelle und unabhängige Realität. Daher sind die Transformationen zwischen zwei zueinander gleichförmig bewegten Bezugsystemen auch sehr einfach.

Betrachten wir also z.B. einen Zug, der an einem Bahnsteig mit gleichbleibender Geschwindigkeit v in x-Richtung vorbei rollt. Es gibt zwei Beobachter der Situation: Einen Passagier im Zug und einen Bahnhofsvorsteher auf dem Bahndamm. Als Ursprung für sein Koordinatensystem wählt nun der Bahnhofvorsteher die erste Schwelle des Bahnhofgleises $x = 0$ und der Passagier im Zugwaggon wählt als Ursprung z.B. die Eingangstür des Waggons als $x' = 0$. Der Strich kennzeichnet hierbei lediglich das Passagierbezugsystem. Misst jetzt der Passagier eine Entfernung, so bestimmt er diese von seinem Ursprung an. Zum Beispiel befinde sich die 3. Sitzreihe genau 3 m von der Eingangstüre in Fahrtrichtung entfernt: $x' = 3$ m. Dieser Punkt ist für den Passagier eine feste Größe, nicht aber für den Bahnhofsvorsteher: für ihn ist die Position der Sitzbank jetzt zeitabhängig, da der Zug ja vorwärts rollt. Er misst also in seinem Bahndammsystem $x = x' + vt$. Daher ergeben sich die einfachen Galileotransformationen für Raum und Zeit:

$$x' = x - vt \quad x = x' + vt$$

$$t = t' \quad y = y' \quad z = z' \tag{1.1}$$

1.2 Die Lorentztrafo

Zur Herleitung betrachte man folgende Situation: Ein Zug rast am Bahnsteig mit v vorbei und im Moment des Vorüberfahrens bei $x = 0 = x'$ wird ein Lichtpuls (Kugelwelle) mit Lichtgeschwindigkeit c ausgelöst. Jetzt berechnest du die *Position der Wellenfront* in x bzw. x'-Richtung nach gegebener Zeit t.

Aufgrund von exakten Experimenten (Michelson-Morley u.v.m.) ist nun aber mit Sicherheit bekannt, daß wegen der absoluten Konstanz von c

$$x = ct \quad x' = ct$$

gelten muss. Ausserdem scheinen zunächst die normalen Galileitransformationen (1.1) gelten zu müssen, $x' = x - vt \quad x = x' + vt \quad t = t'$ und damit also

$$x' = ct - vt = (c-v)t$$
$$x = ct + vt = (c+v)t$$

Da liegt aber ein klarer Widerspruch vor! Das geht nur wenn man annimmt, daß Zeit und Raum irgendwie anders transformieren. Also setzt man radikal an, und versucht dann das Problem zu lösen:

$$t \neq t' \tag{1.2}$$
$$x = ct \quad x' = ct' \tag{1.3}$$
$$x' = \alpha \cdot (x - vt) \tag{1.4}$$
$$x = \alpha \cdot (x' + vt') \tag{1.5}$$

Jetzt werden die Raum und Zeitkoordinaten nicht von vornehinein als unabhängig betrachtet und die Galileitrafo muß im einfachsten Fall durch einen Faktor $\alpha = \alpha(v)$ angepasst werden. α muß unabhängig von den x und t sein, damit die Trafos linear bleiben mit $x = x(x', t')$ und $t = t(x', t')$ sowie $x' = x'(x, t)$ und $t' = t'(x, t)$. Nun ist α zu bestimmen, am einfachsten durch ersetzen der x und x' in (1.4) durch:

$$ct' = \alpha(ct - vt)$$

1.2. DIE LORENTZTRAFO

$$ct = \alpha(ct' + vt')$$

und daher:

$$\alpha = \frac{ct'}{ct - vt}$$

$$\alpha = \frac{ct}{ct' + vt'}$$

Daraus folgt mittels Multiplikation der Gleichungen und Ausklammern der t:

$$\alpha^2 = c^2 tt'/(tt'(c^2 - v^2))$$

und damit nach kurzer Umformung:

$$\alpha = \frac{1}{\sqrt{1 - \frac{v^2}{c^2}}} \tag{1.6}$$

Voila. Jetzt brauchst du nur einzusetzen

$$x' = \frac{x - vt}{\sqrt{1 - \frac{v^2}{c^2}}} \quad x = \frac{x' + vt'}{\sqrt{1 - \frac{v^2}{c^2}}} \tag{1.7}$$

und für die Zeitkomponente investierst du nochmal (1.3):

$$ct' = \frac{ct - vt}{\sqrt{1 - \frac{v^2}{c^2}}} = \frac{ct - vx/c}{\sqrt{1 - \frac{v^2}{c^2}}} \tag{1.8}$$

Das ergibt dann nach Division durch c die Zeitkomponente und die Lorentztrafo lautet also für gleichförmig in x-Richtung gegeneinander bewegte Bezugssysteme (auch Inertialsysteme genannt):

$$x' = \frac{x - vt}{\sqrt{1 - \frac{v^2}{c^2}}} \quad x = \frac{x' + vt'}{\sqrt{1 - \frac{v^2}{c^2}}}$$

$$t' = \frac{t - \frac{vx}{c^2}}{\sqrt{1 - \frac{v^2}{c^2}}} \quad t = \frac{t' + \frac{vx'}{c^2}}{\sqrt{1 - \frac{v^2}{c^2}}}$$

$$y' = y \quad z' = z \tag{1.9}$$

Diese Trafos haben sich in der Praxis bestens bewährt. Die y und z Komponenten sind der Vollständigkeit halber angeführt, da sie bei einer gleichförmigen Bewegung keine Rolle spielen (du kannst die Bewegungsrichtung einfach in x-Richtung legen).

Bei der Betrachtung der Trafo fällt sogleich die Singularität bei $v = c$ auf: Die Werte für x und x' laufen dann gegen undefinierte Werte. Die Lichtgeschwindigkeit stellt also offensichtlich eine Grenze dar, bei deren Erreichen irgendwas besonderes passieren muß. Für kleine Geschwindigkeiten $v \ll c$ gehen die Lorentztrafos aber in die Galileitrafos über, da dann $\alpha \cong 1$ gilt. Beispielsweise gilt für die Bahngeschwindigkeit der Erde $v \cong 30$ km/sec und damit $\alpha \cong 1.000000005$. D.h. selbst für diese vom Menschen technisch z.Z. nur schwer erreichbare Relativgeschwindigkeit ergibt sich ein Unterschied von nur $5 \cdot 10^{-9}$ zur Betrachtung mittels Galileitrafo und Newtonscher Mechanik. Dagegen werden bei bestimmten astronomischen Betrachtungen und vorallem im Bereich der Elementarteilchen schnell relevante Geschwindigkeiten erreicht, sodaß nur noch eine relativistische Betrachtung in Frage kommt: bei halber Lichtgeschwindigkeit beträgt der Effekt nämlich schon etwas mehr als 15 %.

1.3 Das SRT-Additionstheorem für Geschwindigkeiten

Der nächste wichtige Schritt ist die Klärung der Frage, wie sich Geschwindigkeiten $v \leq c$ in der SRT addieren. Dazu betrachte einen Zug, der sich mit v gegenüber dem Bahndamm bewegt und in dem eine Kugel mit der Geschwindigkeit w' in Fahrtrichtung abgeschossen wird. Die gestrichene Größe besagt, daß es sich um die Geschwindigkeit im relativ zum Bahndamm bewegten Bezugssystem handelt. Die im bewegten Sytem zurückgelegte Entfernung nach einiger Zeit t' ist:

$$x' = w't' \tag{1.10}$$

worin du jetzt einfach die Lorentztrafo einsetzen kannst:

$$\frac{x - vt}{\sqrt{1 - \frac{v^2}{c^2}}} = w' \cdot \frac{t - \frac{vx}{c^2}}{\sqrt{1 - \frac{v^2}{c^2}}} \tag{1.11}$$

Die Wurzel kürzt sich weg, und dann sortieren wir die Gleichung nach x und t:

$$x - vt = w't - xvw'/c^2$$
$$\iff$$
$$x(1 + vw'/c^2) = t(w' + v)$$
$$\iff$$
$$x = t\frac{v + w'}{1 + vw'/c^2}$$

Jetzt musst du noch durch t dividieren, denn $x/t = w$ ist die Geschwindigkeit, die du im Bahndamm-Bezugssystem misst:

$$w = \frac{v + w'}{1 + \frac{vw'}{c^2}} \qquad (1.12)$$

Bewegt sich also ein Raumschiff mit Lichtgeschwindigkeit auf dich zu und sendet dabei einen Lichtpuls aus, so wirst du nicht die Geschwindigkeit $2c$ für den Lichtpuls messen, sondern $w = (c+c)/(1 + c \cdot c/c^2) = 2c/2 = c$.

1.4 Die relativistische Masse in der SRT

Das Additionstheorem (1.12) hat eine verblüffende Konsequenz, die auch Einstein auf den ersten Blick nicht gleich gesehen hatte. Dazu betrachte man den Impulssatz der Mechanik in zwei zueinander bewegten Bezugssystemen. Der Impulssatz besagt, daß der Gesamtimpuls aller beteiligten Objekt über die Zeit konstant bleibt. Dabei ist es unerheblich, in welchem Koordiantensystem du dich befindest. Wir betrachten also jetzt zwei absolut identische Waggons. Einer kommt von links, der andere von rechts, aber beide fahren mit der Geschwindigkeit v bzw. $-v$ und gleicher Masse, relativ zum ruhenden Bahndamm. Sie treffen sich bei $x = 0$ uns sausen nach einem elastischen Stoss wieder in jeweils umgekehrter Richtung voneinander los.

Die Gesamtimpulse betrachtest du jetzt einmal vom Bahnhof aus gesehen, und einmal als Passagier in einem der beiden Waggons. Der Waggon des Passagiers habe die Masse m_0 und der andere, von dem er die Masse nicht kennt, habe m'. Vom Bahndamm aus gesehen ist der Gesamtimpuls $m_0 v + m' v$; und vom Passagier aus gesehen $m'w$, da er selbst in seinem Ruhesystem die Geschwindigkeit 0 hat und der andere Waggon vor und nach dem elastischen Stoß die Geschwindigkeit w relativ zu ihm hat. Andererseits kann der Passagier aber feststellen, daß es sich auch um einen symmetrischen Stoß gehandelt haben muß, denn wenn er seine Geschwindigkeit gegenüber dem Bahndamm misst, sieht er zunächst die Geschwindgkeit $-v$ und später v. Also gilt Impuls(Bahndammsystem)=Impuls(Passagiersystem) :

$$m_0 v + m' v = m' w$$

$$\Longleftrightarrow$$

$$m' = m_0 \frac{v}{w-v}$$

Da der Stoß symmetrisch war, kann w leicht nach dem Additionstheorem (1.12) berechnet werden:

$$w = (v+v)/(1+v^2/c^2)$$

$$\Longleftrightarrow$$

$$w + wv^2/c^2 - 2v = 0$$

$$\Longleftrightarrow$$

$$w^2 + w^2 v^2/c^2 - 2wv = 0$$

$$\Longleftrightarrow$$

$$w^2 + w^2 v^2/c^2 - 2wv + v^2 = v^2$$

$$\Longleftrightarrow$$

$$w^2 - 2wv + v^2 = v^2 - w^2 v^2/c^2$$

$$\Longleftrightarrow$$

$$(w-v)^2 = v^2(1 - v^2/c^2)$$

Dabei wurde zuerst die Gleichung umgestellt und ausmultipliziert, dann mit w multipliziert sowie eine quadratische Ergänzung vorgenommen um schließlich die Wurzel ziehen zu können, sodaß wir $w - v = v\sqrt{1 - v^2/c^2}$ erhalten. Einsetzen in die Impulsgleichung bringt dann:

$$m' = \frac{m_0}{\sqrt{1 - \frac{v^2}{c^2}}} \qquad (1.13)$$

1.5. DIE RELATIVISTISCHE ENERGIE UND IMPULS IN DER SRT

Wie du siehst, scheint die Masse eines Körpers mit der Geschwindigkeit zuzunehmen. An dieser Stelle sei aber bereits darauf hingewiesen, dass als die Masse eines Körpers immer nur die Ruhemasse m_0 gilt. Diese Ruhemasse ist eine unveränderliche intrinsische Grösse, die in der Quantendynamik der Elementarteilchen eine feste Quantenzahl darstellt. Lediglich bei der Betrachtung aus einem bewegten Bezugssytem heraus erscheint die dem Körper zugeordnete Masse $m(v)$, und wie wir gleich noch sehen werden damit die Energie, erhöht.

1.5 Die relativistische Energie und Impuls in der SRT

In (1.13) können wir den Strich als Kennzeichnung des fremden Bezugssystems ruhig weglassen und die scheinbare Masse m, da i.a. $v \ll c$ ist, in einer Potenzreihe [1] um $v \approx 0$ entwicklen:

$$m = \frac{m_0}{\sqrt{1 - \frac{v^2}{c^2}}} =$$

$$= m_0 + \frac{m_0}{2}\frac{v^2}{c^2} + \frac{3}{8}m_0\frac{v^4}{c^4} + \ldots \qquad (1.14)$$

Multiplikation mit c^2 bringt

$$mc^2 = m_0 c^2 + \frac{m_0}{2}v^2 + \ldots \qquad (1.15)$$

Die Punkte stehen für die Terme höherer Ordnung in v^2/c^2, die nur bei extrem grossen Geschwindigkeiten $v \approx c$ zum tragen kommen. Wie man sieht, sind alle Terme von der Dimension einer Energie, wobei der zweite Term der rechten Seite die bekannte Formel der klassischen kinetischen Energie ist:

$$E = E_0 + E_{\text{kin}}$$

---

[1] Die Taylorentwicklung an der Stelle $x = a$ lautet $f(x) = \sum \frac{d^n f(a)}{dx^n} \frac{(x-a)^n}{n!}$. Dies bedeutet, das eine gegebene Funktion in der Nähe der Stelle a durch seinen Funktionswert $f(a)$ plus seine Ableitungen (Steigungen) an dieser Stelle dargestellt werden kann.

Offensichtlich besteht also die Gesamtenergie eines Objektes aus seiner unveränderlichen Ruheenergie $E_0 = m_0 c^2$ und seiner bewegungsabhängigen Energie $E_{\text{kin}} = \frac{m_0}{2} v^2 + \ldots$, wobei also jetzt die klassische kinetische Energie um normalerweise verschwindende Terme zu ergänzen ist. Daher folgt die berühmte Einstein'sche Gleichung für die relativistische Energie:

$$E = mc^2 = \frac{m_0 c^2}{\sqrt{1 - \frac{v^2}{c^2}}} \qquad (1.16)$$

Quod errat demonstrandum. Außerdem gilt natürlich noch im Umkehrschluß $E_{\text{kin}} = E - E_0$ und deswegen:

$$E_{\text{kin}} = mc^2 - m_0 c^2 = m_0 c^2 \left(\frac{1}{\sqrt{1 - \frac{v^2}{c^2}}} - 1 \right) \qquad (1.17)$$

Die klassische kinetische Energie $mv^2/2$ ist damit in etwa gleich der Energie, die der scheinbaren relativistischen Massenzunahme entspricht. Die klassische kinetische Energie ist gerade die erste Näherung von (1.17) für $v \ll c$.

Der relativistische Impuls schreibt sich nachdem gesagten also

$$p = mv = \frac{m_0 v}{\sqrt{1 - \frac{v^2}{c^2}}}$$

und damit das Energiequadrat als

$$E^2 = m_0^2 c^4 + p^2 c^2 \qquad (1.18)$$

wie du durch einsetzen und ausmultiplizieren leicht einsiehst. Letztere Formel (1.18) findet in der Quantenphysik häufige Anwendung.

1.6 Kurze Diskussion der SRT bis hierhin

Die Lorentztransformation und die daraus folgende relativistische Masse und Energie bedürfen wenigstens einer kurzen Diskussion. Zunächst einmal muß der leider immer wiederkehrenden Laien-Interpretation entgegengewirkt werden, bei der Annäherung an die Lichtgeschwindigkeit käme es zur Verkürzung der

1.6. KURZE DISKUSSION DER SRT BIS HIERHIN

Objekte, die dabei auch noch furchtbar schwer würden und deren Uhren zu guter letzt auch noch langsam aber sicher stehen blieben.

Wie wir gesehen haben ist das *mitnichten* so! Wenn du also mit deinem Ferrari Vollgas gibts, wird deine Luxuskarosse nicht kürzer, du bekommst auch keinen bleischweren Magen (zumindest nicht wegen der relativistischen Massenzunahme) und deine Rolex brauchst du auch nicht umzutauschen, weil der Sekundenzeiger immer langsamer zu gehen scheint. Anders aber stellt sich die Situation für den Betrachter am Straßenrand dar: der wird nämlich genau diese Effekte sehen, wenn er entsprechende Messungen an deinem Fahrzeug vornimmt. Innerhalb eines Initialsystems ändert sich eben nichts, sondern nur wenn du Messungen im jeweils anderen System vornimmst. Im Beispiel hier also etwa, wenn du mittels eines Fernrohrs mit eingebautem Maßstab die Länge des vorbeihuschenden Feraries misst, der erscheint dir dann kürzer, und deine (für dich stehende) Waage würde dafür ein höheres Gewicht der Karosse feststellen. Und wenn es dir mittels deines Fernrohres gelingt, die Uhr des Fahrers abzulesen, würdest du eine nachgehende Uhr feststellen. Der Ferrarifahrer wird seinerseits aber genau dasselbe von dir und deiner Uhr behaupten, wenn er aus seinem rasenden Wagen auf den Bürgersteig schaut und entsprechende Messungen an dir vornimmt.

Nehmen wir also folgende Situation an: wir haben jeweils eine Uhr und einen Meterstab am Bahndamm und im Zug. Bekannt sind für uns alle Orte und Zeiten im Bahndammsystem, aber im Zug nur der Ort der Uhr $x'_U = 0$ sowie die Zeit des ersten Ticks $t'_0 = 0$ und der Ort des Anfangs des Meterstabes bei $x'_0 = 0$. Jetzt gilt es die fehlenden Werte zu berechnen, nämlich das Ende des Meterstabes $x'_1 = 1$ [m] und der Zeitpunkt des zweiten Ticks der Uhr $t'_1 = 1$ [sec]. Für die Länge Δx des Meterstabes gilt wegen

$$x' = \alpha(x - vt) \Leftrightarrow x = x'/\alpha + vt$$

daher

$$\Delta x = x_1 - x_0 = x'_1/\alpha + vt_0 - (x'_0/\alpha + vt_0)$$

$$\Delta x = \Delta x'/\alpha = \Delta x'\sqrt{1 - \frac{v^2}{c^2}}$$

und für die Zeit gilt

$$t' = \alpha(t - vx/c^2)$$

und daher

$$\Delta t' = t'_1 - t'_0 =$$
$$= \alpha(t_1 - vx_U/c^2) - \alpha(t_0 - vx_U/c^2)$$
$$\Delta t' = \alpha \Delta t$$

und somit zu guter letzt:

$$\Delta x = \Delta x' \sqrt{1 - \frac{v^2}{c^2}}$$
$$\Delta t = \frac{\Delta t'}{\sqrt{1 - \frac{v^2}{c^2}}} \qquad (1.19)$$

Wie du siehst, wird also der Maßstab, der im gestrichenen System ein Meter lang war um den Faktor $\sqrt{1 - \frac{v^2}{c^2}} < 1$ verkürzt gesehen (*die sogenannte Lorentzkontraktion*) und der Zeittick, der im gestrichenen System eine Sekunde lang war, wird um den Faktor $1/\sqrt{1 - \frac{v^2}{c^2}} > 1$ gedehnt empfunden. Die umgekehrten Transformationen sehen genauso aus, wie man leicht am Verschwinden der additiven Terme in den Deltas sieht.

Der Begriff *Relativität* rührt daher, daß es egal ist ob du die Maßstäbe für Raum und Zeit aus dem Zug heraus für den Bahndamm bemisst oder die Maßstäbe im Zug vom Bahndamm aus. Jeder Beobachter wird von seinem Gegenüber behaupten, seine Uhr ginge nach und seine Längen seien verkürzt. Es gibt in der relativistischen Physik *kein ausgezeichnetes Ruhesystem* mehr, alle Inertialsysteme sind absolut gleichberechtigt[2]. Desweiteren siehst du sofort, das der Lorentzfaktor $\alpha = \frac{1}{\sqrt{1 - \frac{v^2}{c^2}}}$ für große Geschwindigkeiten unendlich wird. Insbesondere führt dies dazu, daß die relativistische (scheinbare) Massenzunahme jede Grenze überschreitet. Bei der Annäherung an die Lichtgeschwindigkeit führt dies wegen $F = ma$ zu einem nicht mehr aufbringbaren

---

[2] Übrigens ist es wirklich wichtig, daß es sich um gleichförmig gegeneinander bewegte Bezugsysteme handelt, d.h. um gegeneinander unbeschleunigte Systeme. Bei beschleunigten Bezugsystemen muß die weitaus kompliziertere allgemeine Relativitätstheorie bemüht werden.

Kraft und Energieaufwand, der für eine weitere Beschleunigung[3] eines massebehafteten Körpers notwendig ist. Daher stellt die Lichtgeschwindigkeit eine Grenze dar, die zumindest für schwere Körper nicht erreichbar, und daher auch nicht überschreitbar ist. Für Geschwindigkeiten $v > c$ wird die Wurzel in α imaginär. Daraus kannst du schließen, daß du für weitergehende Betrachtungen des Geschwindigkeitsbreiches $v \geq c$ noch mehr Physik, und Mathematik, investieren musst.

Die so häufig zitierte Formel $E = mc^2$ wurde schon vor Einsteins (1905) von anderen Wissenschaftlern unabhängig und in weniger allgemeinen Zusammenhängen vermutet bzw. gefunden (de Pretto 1901, Hasenöhrl 1904). Einsteins Ruhm gründet sich daher auch keineswegs so zentral auf diesen Geniestreich: er hatte im Jahr der Veröffentlichung seiner SRT auch mit weiteren wegweisenden Arbeiten u.a. zur frühen Quantenphysik weltweit auf sich aufmerksam gemacht. Sein Aufstieg zum Jahrhundertgenie kam mit der weitaus komplizierteren verallgemeinerten Relativitätstheorie (ART) zustande, die ohne sein unglaublich zähes zehnjähriges Ringen, in Verbindung mit einem unerschütterlichen Glauben an den ungewissen Erfolg, wohl so schnell nicht zustande gekommen wäre.

1.7 Gleichzeitigkeit

Eine weitere Konsequenz der SRT ist die Tatsache, dass auch der Begriff der Gleichzeitigkeit nicht mehr Bezugssystem unabhängig ist! Denn betrachte einmal was passiert, wenn Passagier und Bahnhofsvorsteher die zeitliche Koinzidenz des gleichen Ereignis betrachten. Dazu fahre wieder der Zug am Bahndamm mit v vorbei, wobei im Moment der Übereinstimmung des Nullpunkts $x = 0 = x'$ auf dem Waggon folgendes passiert: Die Waggonlänge erstrecke sich von $x'_a = 0$ bis x'_e. Nun werde vom Passagier aus gesehen an beiden Enden des Waggons gleichzeitig ein Lichtsignal ausgelöst, z.B. durch je eine Blitzlichtlampe. Um die Gleichzeitigkeit zu kontrollieren, befindet sich der Passagier genau

---

[3] Bedenke aber immer, dass diese Interpretation Bezugssystem abhängig ist: Wenn z.B. ein ideales Raumschiff mit unbegrenztem Treibstoffvorrat beliebig lange gleichmässig beschleunigt, so werden die Raumfahrer immer diese gleiche Beschleunigung spüren. Jedoch wird ein Beobachter von aussen irgendwann keine weitere nennenswerte Geschwindigkeitsänderung mehr feststellen können. Genauso wird der Raumfahrer feststellen, dass er keine nennenswerte Geschwindigkeitszunahme mehr feststellen kann in Bezug auf seinen Startort obwohl er weiterhin kräftig beschleunigt.

in der Mitte des Waggons bei $x'_e/2$. Beide Signale werden diesen Punkt zur gleichen Zeit erreichen, da sie die gleiche Weglänge zurücklegen müssen und es gilt $x'_e/2 = ct'_g$ und $x'_e/2 = x'_e - ct'_g$ für den von links mit c und von rechts mit $-c$ kommenden Strahl. Gleichsetzen und auflösen nach der Zeit bringt

$$ct'_g = x'_e - ct'_g$$
$$t'_g = \frac{x'_e}{2c} \tag{1.20}$$

wobei die Zeit der Gleichzeitigkeit t'_g natürlich völlig unabhängig von der Geschwindigkeit v zum Bahndamm ist. Den gleichen Vorgang misst nun der Bahnhofsvorsteher indem er durch geeignete Messung feststellt, wann der linke und rechte Strahl jeweils genau die Position des Passagiers erreichen. Für ihn sieht obige Messung gemäss den Lorentztrafos dann jedoch durch einsetzen der Trafo in die letzte Gleichung wie folgt aus:

$$t'_g = \frac{t_g - vx_e/c^2}{\sqrt{1-v^2/c^2}} = \frac{\frac{x_e - vt_g}{\sqrt{1-v^2/c^2}}}{2c} = \frac{x'_e}{2c}$$

Auflösen nach t_g bringt:

$$t_g = \frac{2v+c}{2c^2+cv} \cdot x_e \tag{1.21}$$

Diese Zeit ist nun aber abhängig von v, wobei du siehst, dass $t_g(v=0) = x_e/2c$ ist wie es sein soll. Insbesondere siehst du nun, das der Betrag der Zeit $|t'_g|$ für den von links mit c und von rechts mit $-c$ kommenden Strahl gleich ist, während diese Zeiten auf dem Bahndamm aber unterschiedlich gemessen werden:

$$|t_{gl}| = \left|\frac{2v+c}{2c^2+cv} \cdot x_e\right| \neq \left|\frac{2v-c}{2c^2-cv} \cdot x_e\right| = |t_{gr}|$$

1.7.1 Kurze Diskussion der Gleichzeitigkeit

Wir können diese Gleichungen noch etwas weiter diskutieren: Die Gesamtzeit für das Durchlaufen der Waggonstrecke ist im gestrichenen System

$$t' = |t'_{gl}| + |t'_{gr}| = |\frac{x'_e}{2c}| + |\frac{x'_e}{-2c}| = \frac{x'_e}{c}$$

1.7. GLEICHZEITIGKEIT

und im ungestrichenen System

$$t = |t_{gl}| + |t_{gr}| = \left|\frac{2v+c}{2c^2+cv}\cdot x_e\right| + \left|\frac{2v-c}{2c^2-cv}\cdot x_e\right| = \frac{4x_e(c^2-v^2)}{4c^3-cv^2}$$

Dies ergibt für die minimale Relativgeschwindigkeit $v = 0$ den Wert

$$t(v=0) = \frac{x_e}{c}$$

wie es sein muss und für die maximale Relativgeschwindigkeit $v = c$ den Wert

$$t(v=c) = 0$$

wie du durch einsetzen sofort siehst. Letzteres muss auch so sein, da die scheinbare Länge des Waggons für $v = c$ gegen Null geht und damit die Zeit die ein Lichtstrahl braucht auch zu Null wird.

Interessant ist natürlich auch die Frage wie gross denn nun eigentlich der Zeitunterschied bezüglich der Gleichzeitigkeit in praktischen Fällen ist. Dazu bilde die Differenz zwischen dem von links und rechts kommenden Strahl im Bahnhofssystem:

$$\Delta t = |t_{gl}| - |t_{gr}| = \left|\frac{2v+c}{2c^2+cv}\cdot x_e\right| - \left|\frac{2v-c}{2c^2-cv}\cdot x_e\right| = \frac{6vx_e}{4c^2-v^2}$$

Wie du siehst ist die Differenz $\Delta t(0) = 0$ und $\Delta t(c) = 2x_e/c$. Erster Wert ist klar, der zweite ist aber ebenfalls klar, wenn du bedenkst, dass x_e für hohe Relativgeschwindigkeit ebenfalls wegen der Lorentzkontraktion verschwindet und damit $\Delta t(c) = 2x_e/c = 0$ ist. Denn es gilt ja wie wir wissen

$$x_e = x_{e0}\sqrt{1-\frac{v^2}{c^2}}$$

mit x_{e0} der im Bahnhofssystem gemessenen Waggonlänge bei $v = 0$. Wo liegt denn nun das Maximum der Zeitdifferenz und wie gross ist diese in realistischen Beispielen gemessen? Dazu suchst du einfach nach einer Nullstelle der Ableitung[4] nach der Geschwindigkeit v:

$$\frac{d}{dv}(\Delta t)^2 = 72vx_{e0}^2\frac{7v^2-4c^2}{(v^2-4c^2)^3}$$

---

[4] Die Ableitung von Δt zu bilden ist wegen der Wurzel umständlich. Daher nehme lieber $(\Delta t)^2$ denn die Nullstelle bleibt bei der Quadratur natürlich erhalten und die Differentiation ist viel einfacher durchzuführen.

Wie du siehst liegt bei $7v^2 - 4c^2 = 0$ bzw. $v = \sqrt{7/4}c = 0.756c$ eine Nullstelle mit einem Maximum vor. Zeitunterschiede für typische Laborsysteme sind aus der Tabelle (1.1) zu entnehmen. In kleineren Laborsystemen wie unserem Eisenbahnwagon sind Abweichungen von der Gleichzeitigkeit nur in der Grössenordnung von hunderstel Picosekunden und in einigermassen realistischen Laborsystemen nur von Nanosekunden zuerwarten; selbst bei einem mit dreiviertel Lichtgeschwindigkeit bewegten Raumschiff relativ zur Basis Erde-Mond würde maximal nur ein Δt von etwas mehr als 1 Sekunde herausspringen. Dabei würde die Zeitdifferenz ausreichen um 49,5 Prozent der Basislänge zu durchlaufen wie man leicht[5] nachrechnet. Der Punkt an dem sich linker und rechter Strahl trifft würde im Extremfall also bei 99,5 Prozent der Gesamtstrecke liegen und würde nur kurz vor dem Mond aus dem rasenden 0,756-c-Raumschiff gesehen, wenn sich dieses in der Richtung Erde - Mond bewegt.

Nimmt man jedoch galaktische Entfernungen in Betracht so erkennst du, dass der Begriff der globalen Gleichzeitigkeit der Newtonschen Sicht praktisch sinnlos wird: Geht z.B. im Bezugsystem des Milchstrassenzentrums gleichzeitig vom linken und rechten Rand der Galaxie ein Lichtstrahl aus, so treffen diese nach etwa 50000 Jahren gleichzeitig im Zentrum der Milchstrasse (Durchmesser ca. 100000 Lj) ein. Misst man den gleichen Vorgang aus einem dazu relativ mit nur 30 km/sec bewegten Bezugssystem, so hat man bereits eine Abweichung von etwa 15 Jahren in der Zeit bzw. 15 Lichtjahren in der Entfernung. Nimmt man als Bezugsgrösse das ganze bekannte Universum und ein relativ zur Basislänge mit dreiviertel Lichtgeschwindigkeit fliegendes Objekt, so erreicht Δt einige 10^{17} Sekunden und dass ist etwa das Alter des Universums. Für kosmische Relationen verliert der klassische Begriff der Gleichzeitigkeit also jede Bedeutung!

Fazit aus dieser Überlegung ist: Auch Gleichzeitigkeiten, wie wir sie in der Alltagswelt gewohnt sind, sind bei genauem Hinschauen nur eine Illusion. Gleichzeitigkeit ist Bezugssystem abhängig und dass in mehrfacher Hinsicht: Erstens werden gleichzeitige Ereignisse in zueinander bewegten Systemen nicht beiderseits als gleichzeitig wahrgenommen und Zweitens sind die hier beispielhaft ausgeführten Ereignisse auch nur dann für den Passagier gleichzeitig, falls er sich genau in der Mitte des Waggons befindet. Andernfalls empfindet er die Ereignisse nicht als gleichzeitig, jedoch wird das Ereignis in einem zu ihm

---

[5]Basislänge mal Lorentzkontraktion geteilt durch Delta-t mal c. Für v=0.756 c ergibt dies 0.495=49.5 Prozent.

Basisstrecke x_{e0}	100 km/h	1 km/sec	V_E	0.756c	0.99c
20 m	$0.95 \cdot 10^{-14}$	$3.3 \cdot 10^{-13}$	$1 \cdot 10^{-11}$	$5.8 \cdot 10^{-8}$	$1.8 \cdot 10^{-8}$
10 km	$4.8 \cdot 10^{-12}$	$1.6 \cdot 10^{-10}$	$5 \cdot 10^{-9}$	$2.9 \cdot 10^{-5}$	$0.92 \cdot 10^{-5}$
12000 km	$5.7 \cdot 10^{-9}$	$2 \cdot 10^{-7}$	$6 \cdot 10^{-6}$	0.035	0.011
380000 km	$1.8 \cdot 10^{-7}$	$6.3 \cdot 10^{-6}$	$1.9 \cdot 10^{-4}$	1.097	0.351
100000 Lj	$4.5 \cdot 10^{5}$	$1.6 \cdot 10^{7}$	$4.7 \cdot 10^{8}$	$2.7 \cdot 10^{12}$	$8.8 \cdot 10^{11}$
10^{10} Lj	$4.5 \cdot 10^{10}$	$1.6 \cdot 10^{12}$	$4.7 \cdot 10^{13}$	$2.7 \cdot 10^{17}$	$8.8 \cdot 10^{16}$

Tabelle 1.1: Zeitunterschiede bezogen auf die Streckenmitte zwischen linkem und rechten Strahl bei einer Basislänge von 20 m (Waggon) 10 km (Interferrometer), 12000 km (Erddurchmesser), 380000 km (Erde-Mond), 100000 Lichtjahre (Galaxie), 10^{10} Lichtjahre (Universum) in Sekunden. $V_E = 30$ km/sec ist dabei die Bahngeschwindigkeit der Erde um die Sonne. Die typische Abweichung von der Gleichzeitigkeit beträgt etwa $\approx 10^{-11}$ Sekunden pro km Basislänge und pro km/sec Relativgeschwindigkeit.

passend bewegten Bezugssystem ggf. als gleichzeitig befunden.

1.8 Die Geometrisierung der SRT

Bei der Betrachtung der Lorentztrafo fällt dir sicherlich gleich die erstaunliche Symmetrie zwischen Zeit- und Raumkoordinaten auf. Nicht nur das Raum und Zeit offensichtlich mit einander wechselwirken, auch ihre Darstellung ist sehr ähnlich. Wenn du eine Zeit mit einer Geschwindigkeit multiplizierst, erhälts du einen Weg. Es liegt also nahe, die Zeitkoordinate t mit c zu multiplizieren und zu sehen was es mit der neuen Koordinate $x_t = ct$ auf sich hat:

$$x_t' = ct' = \frac{ct - \frac{vx}{c}}{\sqrt{1 - \frac{v^2}{c^2}}}$$

worin du nun auch noch den Zusammenhang $x = ct$ investierst:

$$x_t' = \frac{x_t - vt}{\sqrt{1 - \frac{v^2}{c^2}}}$$

Aha. Die Zeitkoordinate transformiert also genauso wie eine Raumkoordinate. Damit spricht nichst dagegen, meine üblichen Koordinaten (t, x, y, z) ein wenig zu modifizieren und statt dessen die Koordinatenbezeichner (x^0, x^1, x^2, x^3) einzuführen [6]. Ein solches Quadrupel von Koordinaten bezeichen wir jetzt einfach als *Ereignis*. Ein Ereignis besteht also aus einem Ort und einem Zeitpunkt und das ist eigentlich auch im Alltagsleben klar: wenn du eine Verabredung mit jemanden arrangierst, gibst du immer beide Koordinaten an, z.B. heute um 18 Uhr am Haupteingang der Oper. Falls du Ort oder Zeit vergißt, wird es mit dem Ereignis nichts werden. Außerdem folgt daraus, da die Zeit üblicherweise nur in eine positiv Richtung läuft, daß jedes Ereignis einzigartig ist und bleibt, kein Ereignis findet zweimal statt! Die Menge aller Ereignisse beschreibt also einen 4-dimensionalen Raum (x^0, x^1, x^2, x^3) und die Aneinanderreihung solcher Ereignisse

$$(x^0(\sigma), x^1(\sigma), x^2(\sigma), x^3(\sigma)) \quad \sigma \in [\sigma_0, \sigma_1]$$

stellt eine sogenannte Weltlinie[7] dar, die die Ereignisse

$$(x^0(\sigma_0), x^1(\sigma_0), x^2(\sigma_0), x^3(\sigma_0))$$

und

$$(x^0(\sigma_1), x^1(\sigma_1), x^2(\sigma_1), x^3(\sigma_1))$$

miteinander verbindet. Als praktisches Beispiel stelle dir vor, du läufts immer im Kreis herum. Dann schließt sich deine Weltlinie beim Erreichen des Kreisanfangs *nicht*, da du zwar den selben Ort aber den nicht zur selben Zeit erreicht hast und auch nicht erreichen kannst. Deine Weltlinie beschreibt also

---

[6]Die hochgestellten Indizes sind zwar leicht mit Exponenten zu verwechseln, aber in der ART werden sowohl hoch- wie tiefgestellte Indizes mit unterschiedlichen Bedeutungen auftauchen. Ich verwende hier daher schon einmal diese Konvention, eine Potenz einer (kontravarianten) Koordinate würde im weiteren also wie $(x^2)^3$ anstatt wie y^3 aussehen.

[7]Hier wird mit einer beliebigen Variablen σ parametrisiert. Dies bedeutet, dass die Koordinaten einen Weg beschreiben. Typisches Beispiel in der Schulphysik ist etwa $x(t) = \frac{1}{2}gt^2$ mit $t \in [0,1]sec$. Hier ist der Parameter die Zeit t und der Weg $x(t)$ erstreckt sich über alle Zwischenwerte von $x(0sec) = 0m$ bis $x(1sec) = 4.905m$ mit der Erdbeschleunigung $g = 9.81m/sec^2$ gerechnet. Auf ein Blatt Papier aufgetragen gibt dass eine hübsche Parabel x gegen t, dass ist dann der (zürückgelegte) Weg in Abhängigkeit vom Parameter Zeit. In der Relativitätstheorie ist jedoch die Zeit selbst eine Koordinate die parametrisiert werden muss!

1.8. DIE GEOMETRISIERUNG DER SRT

eine Spirale! Legst du den Koordinatenursprung an den Anfang des Kreises, so erreicht dein Weg nach einer Runde:

$$(0,0,0,0) \to (ct_1,0,0,0)$$

Den Ausgangspunkt $(0,0,0,0)$ wirst du wegen der Irreversibilität der Zeit nie wieder erreichen.

Um einen gegebenen (mathematischen) Raum zu beschreiben, brauchst du eine Möglichkeit, um Längen und Winkel zu bestimmen. Im üblichen euklidischen Raum, ausgestattet mit einer orthonormalen Basis ist das eine einfache Sache: Bilde einfach das Skalarprodukt eines Vektors mit sich selbst und du erhälts die Länge deines Vektors:

$$s = \sqrt{r^2} = \sqrt{x^2 + y^2 + z^2}$$

Im 4-dimensionalen euklidischen Fall geht daß natürlich genauso:

$$s^2 = r^2 = t^2 + x^2 + y^2 + z^2 := t^2 + \mathbf{x}^2$$

Das fett geschriebene $\mathbf{x}$ bedeutet, daß es sich hierbei um den räumlichen Anteil des 4-er Vektors handelt und die Wurzel haben wir der Einfachheit halber zunächst mal weggelassen, da es sich ohne sie besser rechnen läßt. Setzen wir jetzt eine Galileitrafo[8] ein, dann erhalten wir,

$$\begin{aligned} s^2 &= t^2 + x^2 = t^2 + (x' + vt)^2 \\ &= t^2 + x'^2 + v^2 t^2 + 2x'vt \\ s'^2 &= t'^2 + x'^2 = t^2 + (x - vt)^2 \\ &= t^2 + x^2 + v^2 t^2 - 2xvt \end{aligned} \qquad (1.22)$$

da bei dieser klassischen Trafo ja $t = t'$ gilt. Für die Länge des Ereignisvektors im bewegten und im stehenden System haben wir nun unterschiedliche Darstellungen. Das ist recht unschön, denn die Weltlinien erhalten jetzt unterschiedliche Längen und das System mit der kürzesten Weltlinie ist damit

---

[8]Da es sich um eine gleichförmige Bewegung handelt, kann man in der Betrachtung die y und z Komponenten ruhig weglassen, sofern man nur die x-Richtung in Bewegungsrichtung legt.

automatisch gegenüber allen anderen ausgezeichnet! Insbesondere ist in unserem Beispiel eine ausgezeichnete Weltlinie gegeben, wenn die jeweils zwei letzten Terme in (1.22) verschwinden:

$$v^2 t^2 + 2x'vt = 0 \Leftrightarrow x' = -vt/2$$

$$v^2 t^2 - 2xvt = 0 \Leftrightarrow x = vt/2$$

Also erscheint das salomonische System, das sich mit $v/2$ in Bewegungsrichtung des Zuges bewegt, so daß das Bahndammsystem und das Zugsystem sich mit $\pm v/2$ zu diesem bewegen, als das ausgezeichnete System mit

$$s^2 = t^2 + x^2 = t'^2 + x'^2$$

bzw. besser das differentielle Linienelement:

$$ds^2 = dt^2 + dx^2 = dt'^2 + dx'^2 \tag{1.23}$$

Das differentielle Linienelement rührt aus dem Zusammenhang

$$ds = \lim_{s_1 \to s_0} (s_1 - s_0)$$

her und erlaubt es, beliebige Weltlinien zu berechnen, denn s ist ja nur ein spezieller Ortsvektor der immer am Nullpunkt beginnt, $s = \int ds$ dagegen ist eine beliebige Weltlinie, die sich aus kleinen Stückchen ds zusammensetzt, die nichts anderes sind als die Differenz zweier benachbarter Ortsvektoren s_0 und s_1.

Das *Relativitätsprinzip* fordert nun genau, daß es kein ausgezeichnetes Bezugssystem gibt. Daher muß man fordern, daß genauso eine Koordinatentransformation $x \leftrightarrow x'$ und $t \leftrightarrow t'$ existiert, so daß die Darstellung der Weltlinie $s = \int ds$ *unter beliebigen Koordinatentransformationen invariant* bleibt. Du könntest jetzt beginnen, die Galileitrafo so zu manipulieren, daß genau dies eintriff. Du brauchtst nicht lange zu raten, denn was dabei raus kommt, ist natürlich die Lorentztrafo[9]. Du kannst jetzt folgenden 4-Vektor vorschlagen (wie es regelmäßig in der Schulphysik geschieht)

$$s = (x, y, z, ict) \tag{1.24}$$

---

[9]Man hätte, auch ohne Kenntnis der Ätherversuche zur Messung der Lichtgeschwindigkeit und ohne Kenntnis der Maxwellschen Gleichungen der Elektrodynamik aus dieser Anschauung schon zeigen können, daß eine (hohe) Grenzgeschwindigkeit v_g existieren muß. Die Identität $v_g = c$ hätte wiederum erst das Experiment geliefert.

1.8. DIE GEOMETRISIERUNG DER SRT

wobei die Zeitkomponente an letzter Stelle steht und um den Faktor $i = \sqrt{-1}$ erweitert wurde. Die Länge dieses Vektors ist unter Lorentztransformationen tatsächlich invariant! Das kannst du durch einsetzen leicht zeigen (hier o.E.d.A. $y = z = 0$):

$$s^2 = x^2 - c^2 t^2$$
$$= \alpha^2 (x' + vt')^2 - \alpha^2 c^2 (t' + vx'/c^2)^2$$
$$= \alpha^2 (x'^2 + 2x'vt' + v^2 t'^2$$
$$- c^2 t'^2 - 2t'vx' - v^2 x'^2 / c^2)$$

die gemischten Terme heben sich auf und sortieren bringt:

$$= \alpha^2 (x'^2 (1 - v^2/c^2) + t'^2 (v^2 - c^2))$$
$$= \alpha^2 (x'^2 (1 - v^2/c^2) - c^2 t'^2 (1 - v^2/c^2))$$

und da $\alpha^2 = 1/(1 - v^2/c^2)$ gilt:

$$s^2 = x^2 - c^2 t^2 = x'^2 - c^2 t'^2$$

Die umgekehrte Trafo klappt genauso gut, da sich die gemischten Terme in der Differenz immer fein aufheben. In der Schulphysik verwendet man gerne (1.24), wobei aber die unterschiedlich Behandlung der Zeitkomponente (sie ist die einzige imaginäre Zahl) die ganze Eleganz des geometrischen Kalküls zunichte macht. Den Trick mit dem i macht man eigentlich nur, um den Schülern einige anspruchsvolle Theoreme der Geometrie zu ersparen. Auf dem Weg zur Verallgemeinerung der SRT ist das aber äußerst hinderlich. Daher gehen wir kurz zurück und benutzen wieder den völlig symmetrischen 4-Vektor $s = (x^0, x^1, x^2, x^3)$ mit $x^0 = ct$.

Wie bekommt man nun die Besonderheit $s^2 = (x^0)^2 - \mathbf{x}^2$ der unterschiedlichen Behandlung der Zeit- und Ortskoordinaten hin? Dazu müssen wir uns kurz mit einem Objekt befassen, das man die *Metrik* nennt. Eine Metrik ist ein mathematisches Werkzeug, daß eine angemessene Beschreibung des Raumes in dem du rechnen willst enthält und dir eine Möglichkeit gibt Größen wie Längen, Winkel, Flächen oder Volumina zu berechnen. Die Metrik brauchst du implizit immer, wenn du irgendeine Länge, Geschwindigkeit oder eben eine Bewegungsgleichung berechnen willst, die sieht nämlich in Kugelkoordinaten anders aus als in orthonormalen Koordinaten. Die Metrik des euklidischen Raumes mit rechtwinkliger Einheitsbasis (orthonormal-Basis) hat die Form:

$$dr^2 = (dx^1)^2 + (dx^2)^2 + (dx^3)^2 = e_{ij}dx^i dx^j$$

$$e_{ij} = \begin{pmatrix} 1 & 0 & 0 \\ 0 & 1 & 0 \\ 0 & 0 & 1 \end{pmatrix}$$

d.h. $e_{ij} = \text{diag}(1,1,1) = \mathbf{1}$. Sie ist eine Diagonalmatrix mit nur Einsen, also die Einheitsmatrix.

Genauer gesagt, ist sie ein Tensor (der sich bei zwei Indizes noch als Matrix darstellen läßt), also ein Objekt das über bestimmte mathematische Eigenschaften verfügt über die noch zu sprechen sein wird. Desweiteren wird hier eine Konvention bezüglich der Summation verwendet, die sogenannte Einsteinkonvention: $\sum x^i x_i = x^i x_i = (x^0)^2 + (x^1)^2 + (x^2)^2 + (x^3)^2$, d.h. es wird immer über gleiche, oben und unten vorkommende, Indizes summiert.

Ist dagegen der Raum in dem du rechnest, der 3-dimensionale, euklidische Raum mit z.B. krummlinigen Zylinderkoordinaten $(\rho, \phi, z) =: (x^1, x^2, x^3)$, dann ist deine Metrik

$$dr^2 = d\rho^2 + \rho^2 d\phi^2 + dz^2 = c_{ij} dx^i dx^j$$

$$c_{ij} = \begin{pmatrix} 1 & 0 & 0 \\ 0 & \rho^2 & 0 \\ 0 & 0 & 1 \end{pmatrix} = \text{diag}(1, \rho^2, 1)$$

jetzt nicht mehr konstant, sondern ortsabhängig wegen $\rho = \sqrt{x^2 + y^2}$. Sie beschreibt die Besonderheiten deines Raumes und wie er korrekt zu bemaßen ist.

Kommen wir zurück zur SRT, hier gilt offensichtlich:

$$ds^2 = (dx^0)^2 - d\mathbf{x}^2 = \eta_{ij} dx^i dx^j \qquad (1.25)$$

mit

$$\eta_{ij} = \begin{pmatrix} 1 & 0 & 0 & 0 \\ 0 & -1 & 0 & 0 \\ 0 & 0 & -1 & 0 \\ 0 & 0 & 0 & -1 \end{pmatrix}$$

1.8. DIE GEOMETRISIERUNG DER SRT

wie man leicht durch Einsetzen erkennt. Ein Lehrer Einsteins, der Mathematiker Minkowski, war der erste der die SRT in dieser Weise geometrisierte und diese Metrik $\eta_{ij} = \text{diag}(1, -1, -1, -1)$ heißt daher die *Minkowskimetrik*. In der Literatur tauchen auch andere Minkowskimetriken auf, z.B. $\text{diag}(1, 1, 1, -1)$ mit Ereignisvektor (x^1, x^2, x^3, x^4) und der Zeitkoordinate $x^4 = ct$ sowie noch ein paar andere Derivate. Entscheidend an der Metrik ist aber lediglich, daß das Produkt ihrer Diagonalelemente negativ ist. Es handelt sich beim Minkowskiraum um eine spezielle Pseudo-Riemannsche Mannigfaltigkeit. Da diese Metrik aber konstant und diagonal ist, läßt sich mit ihr genauso problemlos rechnen, wie mit der üblichen euklidischen Metrik, wenn man sich nur an die etwas andere Art der Vektorproduktbildung gewöhnt hat.

Mit der so gewonnenen geometrisierten SRT läßt sich schon jede Menge intelligenter Physik betreiben, insbesondere durch konsequente Anwendung in der Elementarteilchenphysik. Aber Einstein fragte sich sehr bald, wie das Relativitätsprinzip allgemeiner zu fassen wäre. Was ist, wenn du die Beschränkung auf gleichförmig zueinander bewegte Systeme fallen läßt? Wie ist zwischen beschleunigten Bezugssystemen zu transformieren? Die tiefere Beschäftigung mit diesen Fragen führt zur allgemeinen Relativitätstheorie (ART) und beschäftigte Einstein ganze 10 Jahre lang bis er endlich seine berühmten Feldgleichungen gefunden hatte. Heute ist dieser geistige Kraftakt billiger zu haben, da du die notwendige Mathematik in jedem guten Wälzer zu dem Thema nachlesen kannst, anstatt sie selbst (mit)entwickeln zu müssen. Den weiteren Fortschritt zur ART kannst du jedenfalls schon ahnen und ich skizziere hier einmal kurz, was dann im weiteren näher ausgeführt werden wird: Beim Übergang zu beschleunigten Bezugsystemen wird die Metrik nicht mehr konstant sein, sondern es wird sich das Linienelement verallgemeinern zu:

$$ds^2 = g_{ij} dx^i dx^j$$

mit den Koeffizientenbedingungen

$$g_{ij} = g_{ji} \quad \text{und} \quad g_{ij} = g_{ij}(x^k)$$

d.h. die Elemente der Metrik sind Funktionen der Koordinaten x^k und es sind u.U. auch die Nebendiagonalelemente besetzt, was dazu führt, daß gemischte Terme $dx^i dx^j$ auftauchen können, die uns bisher erspart blieben. Des weiteren kann man wegen der üblicherweise Vertauschbarkeit von Produkten $dx^i dx^j = dx^j dx^i$ von einer Symmetrie des Metriktensors $g_{ij} = g_{ji}$ ausgehen und im Grenzfall kleiner Beschleunigungen a sollte natürlich wieder die Minkowskymetrik gelten $\lim_{a\to 0} g_{ij} = \eta_{ij}$. Da der Metriktensor $4\cdot 4 = 16$ Elemente hat, wovon 4 auf der Diagonale liegen und die zwölf anderen Elemente aufgrund der Symmetrie nur 6 verschiedene Größen sind, hat er 10 unabhängige Variablen. Diese 10 Koordinatenfunktionen $g_{ij} = g_{ij}(x^k)$ sind dann durch ein geeignetes System von physikalisch sinnvollen Differentialgleichungen (DGL) zu bestimmen. Diese DGL's ergeben sich aus dem *erweiterten Relativitätsprinzip*: auch Kräfte die aus einer Bewegungsänderung (Beschleunigung) resultieren sind innerhalb einer räumlich begrenzten Umgebung physikalisch nicht von gravitativen Beschleunigungen (Massenanziehung) zu unterscheiden. Daraus folgt dann, daß die Metrikkomponenten auch vom Energie- und Impulsinhalt der Umgebung abhängen. Während also in der klassischen Physik, in der SRT und auch in der Quantenmechanik (QM) der gegebene Raum eine, wie auch immer geartete, aber feste Hintergrundmetrik besitzt, ist in der ART die Sache grundlegend anders: es existiert eine Wechselbeziehung zwischen Energie (und damit auch Masseninhalt) und Metrik des Raumes!

Teil II

Die Allgemeine Relativitätstheorie (ART)

Kapitel 2

Die Theorie von 1915

Gute Literatur zur ART für den Fachmann gibt es reichlich und diese übertreffen zu wollen wäre wahrlich mehr als vermessen. Ich strebe daher hier eine Darstellung an die soweit es geht die mathematisch/physikalischen Zusammenhänge komprimiert. Dabei werden die üblichen Zeit- und kraftraubenden Diskussionen von mathematischen, physikalischen und philosophischen Feinheiten aller relativistischer Effekte soweit als möglich vermieden. Lediglich die Herleitungen sollen klar werden. Es ist unvermeidbar, dass dabei vieles auf der Strecke bleibt, was vom interessierten Leser später anderweitig erworben werden muss; andernfalls müsste ich hier einen 1000-seitigen Wälzer niederschreiben, und davon gibt es schon genug.

An Mathematik werde ich dass unbedingt notwendige bringen, so dass die Herleitung der Einsteinschen Feldgleichungen verstanden werden kann. Dadurch soll dem interessierten Leser, der nicht über eine entsprechende physikalisch-mathematische Vorbildung verfügt, lediglich ein *erster relevanter Überblick* verschafft werden, von dem aus er weitere und detailliertere Studien starten kann.

Mathematik- und Physikkenntnisse, wie sie in der gymnasialen Oberstufe im Mathe/Physik-Leistungskurs vermittelt werden, sollten als Grundlage für erste Studien der ART durchaus ausreichen: Unbedingt notwendig sind die Basis-Kenntnisse der Analysis (Differential- und Integralrechnung, Geometrie) und der linearen Algebra sowie Grundkenntnisse der Newtonschen Gravitation.

Wer mit der ART umgehen möchte, sowohl qualitativ wie quantitativ, braucht wenigstens etwas Talent für Mathematik. Falls du also die Prozenttaste an deinem Taschenrechner für unverzichtbar hälts, solltest du dich nicht an die ART wagen.

Für diejenigen, denen der Umgang mit Differentialen geläufig ist und die mit der linerare Algebra keine allzu grossen Probleme haben gibt es eine gute und eine schlechte Nachricht: Die gute ist die, dass Differentialgeometrie, Tensoralgebra und Analysis auf Mannigfaltigkeiten eigentlich gar nicht so grossartig kompliziert sind, sofern einem die Kettenregel der Differentialrechnung kein heiliges Rätsel aufgibt; die schlechte Nachricht ist das es einfach verdammt viel Arbeit ist, sich erstmal durch die Grundbegriffe der ART zu wurschteln.

2.1 Die Geodätengleichung

So gehen wir gleich in medias res. Vorraussetzung für die Herleitung ist, dass du die SRT und ihre Geometrisierung verstanden hast, wie sie in den vorherigen Kapiteln beschrieben wurde. Weiterhin müssen dir die Regeln der Differentiation bekannt sein, insbesondere die Produktregel $(fg)' = f'g + fg'$ und die Kettenregel $d/dx(f(y,z)) = \partial f/\partial y \cdot dy/dx + \partial f/\partial z \cdot dz/dx$. Differentiale können je nach Platzbedarf und Kontext in unterschiedlichen Kürzeln geschrieben werden, z.B. $\partial f/\partial x = \partial_x f = f' = f_x = f_{,x}$. Der über die Funktion gestellte Punkt $\dot{f}$ bezeichnet üblicherweise die Differentiation nach dem Laufparameter $\dot{f} = \partial f/\partial t$ der in der klassischen Physik mit der Zeit identifiziert wird. In der ART muss halt ein anderer Bezeichner verwendet werden, da t selbst eine Koordinatenfunktion ist. Ausserdem musst du mit der Summenbildung/darstellung gemäß Einsteinkonvention vertraut sein $g_{ij}dx^i dx^j = g_{00}dx^0 dx^0 + g_{01}dx^0 dx^1 + \ldots + g_{23}dx^2 dx^3 + g_{33}dx^3 dx^3$; dass sind 16 Terme, da immer über gleiche, hoch- und tiefgestellte Indizes summiert wird, hier also $\sum_{i=0}^{3}(\sum_{j=0}^{3} g_{ij}dx^i dx^j)$.

Die Formel für die Weltlinie[1] ist wie wir wissen

$$ds^2 = g_{ij}(x^k)dx^i dx^j$$

---
[1] Lösungen der Einsteinschen Feldgleichungen manifestieren sich immer in einer Metrik g_{ij}. Diese lässt sich als eine 2×2 Matrix schreiben. Da dass aber schreibtechnisch ungünstig ist, schreibt man diese Lösungen lieber als Weltlinie $ds^2 = \ldots$ in eine Zeile.

bzw. für das Differential des *Linienelements*

$$\frac{ds}{d\lambda} = \sqrt{g_{ij}\frac{dx^i}{d\lambda}\frac{dx^j}{d\lambda}}$$

Wir erinnern uns: Alle Koordinaten sind mit einem beliebigen Parameter, hier λ zu parametrisieren $\frac{dx^i}{d\lambda} = \dot{x}^i$. Darauf lässt sich nun das Variationsprinzip anwenden. Das Variationsprinzip ist ein sehr nahrhaftes Prinzip der Physik und Mathematik, dass man unbedingt kennen muss und in jedem guten Mathebuch nachzulesen ist, z.B. im Bronstein: Das Prinzip besagt im wesentlichen dass, wenn du eine Erhaltungsgrösse $L(x, \lambda)$ hast und daraus eine Bewegungsgleichung herleiten willst, solche die physikalisch auserwählten sind, die gegenüber kleinen Änderungen $L' = L(x + \Delta x, \lambda)$ unempfindlich sind. Mathematisch heisst das, dass dieses sogenannte Variationsintegral stationär wird:

$$\delta \int L d\lambda = 0$$

λ ist ein beliebiger Parameter, meist die Zeit t oder sonst ein geeigneter Parameter. Die Bedingung, für die die Variation des Integrals verschwindet, sind die Euler-Lagrange-Gleichungen (siehe z.B. Bronstein-Semandjajew u.a.), welche lauten:

$$\frac{\partial L}{\partial x} = \frac{d}{d\lambda}\frac{\partial L}{\partial \dot{x}} \tag{2.1}$$

Dieses Prinzip können wir nun auf $L = ds/d\lambda$ anwenden. Wegen

$$ds = \sqrt{g_{ij}dx^i dx^j} =: \sqrt{f}$$

ergibt sich allerdings

$$\partial s/\partial x = \partial_x f / 2\sqrt{f}$$

, d.h. bei Ableitungen nach irgendwelchen Parametern taucht die Wurzel im Nenner auf und es wird durch einen Wert geteilt, der für Licht Null werden kann, da $ds^2 = dx^2 - c^2 dt^2$ gilt und wegen des Relativitätsprinzips für Licht immer $dx = cdt$ ist. Besser nimmt man daher das Quadrat, $K = L^2$; dass kann man getrost machen, da man nur einen Ast der Parabel ds^2 betrachtet und daher Extrema Extrema bleiben und die zu gewinnende Formel auch für Licht gültig ist.

2.1. DIE GEODÄTENGLEICHUNG

Also denn: $\delta \int K d\lambda = 0$ und die vier Gleichungen für die Koordinaten

$$\frac{\partial K}{\partial x^i} = \frac{d}{d\lambda} \frac{\partial K}{\partial \dot{x}^i}$$

sind zu bestimmen. Nun wird erstmal partiell die linke Seite differenziert:

$$\frac{\partial K}{\partial x^i} = \partial_i g_{lk} \dot{x}^l \dot{x}^k + g_{lk} \partial_i \dot{x}^l \dot{x}^k + g_{lk} \dot{x}^l \partial_i \dot{x}^k = \partial_i g_{lk} \dot{x}^l \dot{x}^k$$

Dabei ist $\partial_i = \partial/\partial x^i$ die partielle Ableitung nach der i-ten Koordinate und die Ableitungen der $\dot{x}^i$ sind immer null, da sie partiell nicht von x^i abhängig sind. Es tauchen jetzt schon drei Indizes i, l, k auf, da nach der i-ten Koordinate differenziert wird und daher diese Koordinate eigenständig ist, so dass jetzt $ds^2 = g_{lk} \dot{x}^l \dot{x}^k$ mit $x = x(\lambda)$ ist. Die rechte Seite ergibt:

$$\frac{d}{d\lambda} \frac{\partial K}{\partial \dot{x}^i} = d_\lambda (\dot{\partial}_i g_{lk} \dot{x}^l \dot{x}^k + g_{lk} \dot{\partial}_i \dot{x}^l \dot{x}^k + g_{lk} \dot{x}^l \dot{\partial}_i \dot{x}^k) = d_\lambda (g_{ik} \dot{x}^k + g_{li} \dot{x}^l)$$

mit $d_\lambda = d/d\lambda$ und $\dot{\partial}_i = \partial/\partial \dot{x}^i$. Der erste Term ergab 0, da die g_{lk} partiell unabhängig von den $\dot{x}^i$ sind; Term 2 und 3 ergeben sich aus der Regel, das $\partial \dot{x}^a/\partial \dot{x}^b = 0$ für $a \neq b$ und $\partial \dot{x}^a/\partial \dot{x}^b = 1$ für $a = b$ ist. Nun muss der Rest noch vollständig nach λ differenziert werden:

$$= \dot{x}^k \frac{\partial g_{ik}}{\partial x^m} \frac{\partial x^m}{\partial \lambda} + g_{ik} \ddot{x}^k + \dot{x}^l \frac{\partial g_{li}}{\partial x^m} \frac{\partial x^m}{\partial \lambda} + g_{li} \ddot{x}^l$$

Dabei wurde berücksichtigt, dass $\dot{x}^i = dx/d\lambda$ ist und die Kettenregel für die vollständige Ableitung $df/dy = df/dx \cdot dx/dy$ wurde angewendet. Nun gehts weiter, linke und rechte Seite gleich setzen bringt:

$$\partial_i g_{lk} \dot{x}^l \dot{x}^k = \dot{x}^k \dot{x}^m \partial_m g_{ik} + \dot{x}^l \dot{x}^m \partial_m g_{li} + g_{ik} \ddot{x}^k + g_{li} \ddot{x}^l$$

Das Ganze lässt sich nun sortieren. Die beiden letzten Terme sind identisch, denn es gilt $g_{ik} = g_{ki}$ und da Namen Schall und Rauch sind, und nur der strikten Unterscheidung unterschiedlicher Summationsindizes dienen, gilt $g_{ik}\ddot{x}^k + g_{li}\ddot{x}^l = 2g_{ik}\ddot{x}^k$. Also gilt:

$$g_{ik} \ddot{x}^k + \frac{1}{2}(-\dot{x}^l \dot{x}^k \partial_i g_{lk} + \dot{x}^k \dot{x}^m \partial_m g_{ik} + \dot{x}^l \dot{x}^m \partial_m g_{li}) = 0$$

Den Index m kann man ebenfalls umbenennen, denn er läuft wie alle anderen von 0 bis 3 und kommt sonst nicht mehr vor; dass bringt:

$$g_{ik}\ddot{x}^k + \frac{1}{2}(-\dot{x}^l\dot{x}^k\partial_i g_{lk} + \dot{x}^k\dot{x}^l\partial_l g_{ik} + \dot{x}^l\dot{x}^k\partial_k g_{li}) = 0$$

Das Ganze wird nun mit dem Inversen der Metrik $g^{im}g_{ik} = \delta^m_k$ multipliziert:

$$\ddot{x}^m + \frac{1}{2}g^{im}(\partial_l g_{ik} + \partial_k g_{li} - \partial_i g_{lk})\dot{x}^l\dot{x}^k = 0$$

Dies ist schon die gesuchte Bewegungsgleichung, die üblicherweise mit der Einführung der sogenannten *Christoffelsymbole* erster Art

$$\Gamma_{ikl} = \frac{1}{2}(\partial_l g_{ik} + \partial_k g_{li} - \partial_i g_{lk})$$

und zweiter Art

$$\Gamma^m_{kl} = g^{im}\Gamma_{ikl}$$

abgekürzt geschrieben wird:

$$\ddot{x}^m + \Gamma^m_{kl}\dot{x}^k\dot{x}^l = 0 \qquad (2.2)$$

Dies sind die vier allgemein relativistischen Bewegungsgleichungen für die vier $m = 0,\ldots,3$ Koordinaten, meist unter dem Begriff Geodätengleichung bekannt. Die Christoffelsymbole (nach dem Mathematiker Christoffel benannt) sind wie man leicht sieht, symmetrisch in den letzten beiden Indizes $\Gamma_{ikl} = \Gamma_{ilk}$ und $\Gamma^m_{kl} = \Gamma^m_{lk}$; sie werden noch öfters benötigt und daher ist diese Abkürzung vernünftig. Diese Symbole werden auch Konnektions- oder englisch *connectionsymbols* genannt. Letzterer Begriff ist leicht einzusehen, denn offensichtlich wird hier das Schicksal der m-ten Koordinate via Γ^m_{kl} mit allen anderen Koordinaten mittels der ∂g_{ik} verknüpft.

Damit hätten wir schon die Hälfte der Miete eingefahren, wenn wir nur wüssten, wie denn die g_{ik} bei gegebener Dichte zu berechnen wären.

2.2 Newtonsche Näherung

Die so schnell gewonnen Bewegungsgleichung ist nun dahingehend zu überprüfen, ob sie für $v \ll c$ in die Newtonsche übergeht. Die Geodätengleichung

$$\ddot{x}^m = -\Gamma^m_{kl}\dot{x}^k\dot{x}^l$$

2.2. NEWTONSCHE NÄHERUNG

sieht der Newtonschen Bewegungsgleichung[2] für ein Teilchen im zentralen Gravitationsfeld

$$m_p\ddot{\mathbf{x}} = G\frac{m_p M}{|\mathbf{x}|^2} \cdot \frac{\mathbf{x}}{|\mathbf{x}|} = -m_p \nabla(GM/|\mathbf{x}|)$$

schon ganz ähnlich. Allgemeiner schreibt man natürlich, nach Division durch die verschwindende Probemasse m_p und für ein allgemeines Newtonsches Potential ($\ddot{\mathbf{x}} = -\nabla U$) in Komponentenschreibweise:

$$\ddot{x}^\alpha = -\frac{\partial U}{\partial x^\alpha} \quad \text{mit} \quad \alpha = 1,\ldots,3 \tag{2.3}$$

Die Christoffelsymbole und die darin enthaltenen Metrikelemente müssen also offensichtlich Informationen über das Potential der Gravitation enthalten.

Also führen wir die Rechnung für kleine Geschwindigkeiten $v \ll c$ durch. Der Einfachheithalber wird die Geschwindigkeit in x Richtung gelegt. Es gilt also in Newtonscher Schreibweise:

$$\mathbf{x} = (ct, x, 0, 0)\,;\, \dot{\mathbf{x}} = \mathbf{v} = (c, v, 0, 0)\,;\, \ddot{\mathbf{x}} = \mathbf{a} = (0, a, 0, 0)$$

Es ist also lediglich die $m = 1$ Komponente der Beschleunigung vorhanden. Also:

$$\ddot{x}^1 = -\Gamma^1_{kl}\dot{x}^k\dot{x}^l = -\frac{1}{2}g^{i1}(\partial_l g_{ik} + \partial_k g_{li} - \partial_i g_{lk})\dot{x}^k\dot{x}^l$$

Als nächstes berücksichtigen wir $v \ll c$, also sind in dieser Summe nur die $\dot{x}^0 = c$, d.h. $k = l = 0$ von Belang:

$$= -\frac{1}{2}g^{i1}(\partial_0 g_{i0} + \partial_0 g_{0i} - \partial_i g_{00})c^2$$

Als nächstes bedenken wir, dass die partiellen Zeitableitungen des Gravitationspotentials im Newtonschen Fall immer Null sind, da die Gravitation klassisch unendlich schnell an jedem Ort ist und daher quasistatisch ist. Dies führt zu:

$$\ddot{x}^1 = \frac{c^2}{2}g^{11}\frac{\partial g_{00}}{\partial x^1}$$

---

[2]In der Schulphysik wird gerne $F = ma = \gamma\frac{mM}{r^2}$ geschrieben, da man meistens nur mit den Beträgen der Kraft rechnet. Die Kraft ist aber ein Vektor und daher ist die obige Schreibweise korrekt. $\frac{\mathbf{x}}{|\mathbf{x}|} =: \hat{\mathbf{x}}$ ist der Einheitsvektor in Richtung der Kraft. Ausserdem gelten natürlich die Identitäten $r \equiv |\mathbf{x}|$ und $\gamma = G$.

Wie sehen nun die übriggebliebenen Metrikkomponenten aus? Da wir uns im Bereich schwacher Gravitationsfelder bewegen, ist die Metrik nur eine geringe Abweichung vom feldfreien Zustand, der durch die Minkowskimetrik aus der SRT beschrieben wird. Dazu setzt man an

$$g_{ij} = \eta_{ij} + 2\psi_{ij}$$

mit $\psi_{ij} \ll 1$. Einsetzen bringt:

$$\ddot{x}^1 \approx \frac{c^2}{2}\eta^{11}\frac{\partial(\eta_{00} + 2\psi_{00})}{\partial x^1} = \frac{c^2}{2}(-1)\frac{\partial(1 + 2\psi_{00})}{\partial x^1} = -c^2\frac{\partial\psi_{00}}{\partial x^1}$$

Der Vergleich mit der Newtonschen Formel bringt nun

$$\psi_{00} = \frac{U}{c^2} \qquad g_{00} = 1 + \frac{2U}{c^2}$$

und wir haben nun also tatsächlich eine allgemein relativistische Metrik für die einfachste Newtonsche Näherung berechnet:

$$g = \begin{pmatrix} 1 + \frac{2U}{c^2} & 0 & 0 & 0 \\ 0 & -1 & 0 & 0 \\ 0 & 0 & -1 & 0 \\ 0 & 0 & 0 & -1 \end{pmatrix} \qquad (2.4)$$

Offensichtlich ist also in der ersten Komponente des Metriktensors das Newtonsche Gravitationspotential enthalten. Das Wegelement ds berechnet sich in dieser Näherung also zu:

$$ds^2 = g_{ij}dx^i dx^j = (1 + \frac{2U}{c^2})c^2 dt^2 - d\mathbf{x}^2$$

Setzt du nun noch das Newtonsche zentrale Gravitationspotential $U = -GM/r$ ein, so erhälts du:

$$ds^2 = (1 - \frac{2GM}{c^2 r})c^2 dt^2 - d\mathbf{x}^2$$

Wie du sofort siehst, hat der Wert $\frac{2GM}{c^2}$ die Dimension einer Länge. Für die Masse der Sonne ist dieser Wert ca. 1500 m; der Sonnenradius beträgt jedoch 696.000 km, so dass der hier durchgeführte Näherungsansatz offensichtlich gültig ist, da $1,5/696000 = 0.00000216 \ll 1$ ist. Wie wir schon gesehen

2.2. NEWTONSCHE NÄHERUNG

haben, wird für Licht das Wegelement $ds = 0$ woraus direkt

$$\frac{d\mathbf{x}^2}{dt^2} = c^2 - \frac{2GM}{r}$$

folgt. Auf der linken Seite steht die scheinbare Geschwindigkeit eines Objektes, wie es aus dem Bezugssystems eines ungestörten Newtonschen Betrachters gesehen wird. Wie man sieht, kann diese Geschwindigkeit kleiner als c sein und verschwindet für:

$$r = \frac{2GM}{c^2} \tag{2.5}$$

Dieser Wert ist dir natürlich bekannt, es ist der sogenannte *Schwarzschildradius*. Schrumpft eine gegebene Masse auf diese winzige Grösse zusammen, so kann selbst ein lichtschnelles Signal einen weit aussen stehenden Beobachter nicht mehr erreichen. Der Schwarzschildradius leitet sich korrekterweise erst aus der Schwarzschildlösung der kompletten Einsteinschen Feldgleichungen ab, auf die wir später noch zukommen werden. Aber auch hier sieht man schon, wie der Hase läuft.

Wie wir gesehen haben, kann man auch schon mit der Geodätengleichung einiges anfangen und sogar eine Metrik berechnen, falls man als Nebenbedingung fordert, dass im Grenzfall kleiner Geschwindigkeiten und schwacher Felder die Newtonsche Mechanik heraus kommen muss. Um mit der ART jedoch weiter zukommen, brauchen wir eine Bestimmungsgleichung für die g_{ik}, die auch für allgemeine Dichteverteilungen herhalten kann. Die ART ist eine geometrische Theorie wie wir in der Geometrisierung der SRT schon gesehen haben. Die Geometrie des Raumes wird sodann durch die Energie- und Impulsdichten erzeugt und diese Geometrie bestimmt wiederrum die Bewegungsgleichung (Geodätengleichung) eines Punktteilchens. Die gesuchte Bestimmungsgleichung muss also eine Form haben, die etwa so aussieht:

$$G(g_{lm}) \cong T(\rho, p) \tag{2.6}$$

G ist eine noch näher zu bestimmende geometrieerzeugende Funktion und T eine Energie/Impulsfunktion. Diese Feldgleichungen zu bestimmen ist nicht ganz so einfach und erfordert das Eingehen auf einige mathematische Konzepte, die nicht so allgemein geläufig sind. Bis hierhin muss jedoch bemerkt werden: Es wurden noch keine Konzepte explizit verwendet, die nicht Oberstufen-LK Stoff wären, die Herleitung bis zu diesem Punkt gelingt schon mit Grundkenntnissen der lineraen Algebra und der Analysis, erfordert aber bereits einiges an Schreib- und Denkarbeit. Es wurde im Prinzip auch noch keine Tensorrechnung verwendet, obwohl der Metriktensor g_{ik} ein ebensolcher ist, und auch haben wir schon die übliche Schreibweise der Tensoralgebra verwendet.

Kapitel 3

Intermezzo: Gute Physik, schlechte Physik

Wie kaum eine andere Theorie der theoretischen Physik ist die ART immer wieder Zielscheibe unangemessener Kritik. Obwohl sie bestimmt nicht schwieriger zu verstehen ist als die Quantentheorie, liegt dies vermutlich daran dass sie im Gegensatz zur letzteren zunächst das Kind eines einzelnen Genies war. Das scheint einige Gemüter so sehr zu wurmen, dass Anfeindungen zuweilen aus den tiefsten Schubladen gezogen werden. Schaut man mit Hilfe einer Suchmaschine im Internet nach dem Begriff Relativitätstheorie so findet sich regelmäßig ein herrliches Sammelsurium von sogenannten 'Alternativtheorien' selbsternannter 'Experten'. Je heftiger und emotionaler die Kritik, als desto uninformierter erweist sich i.a. der Autor. Neben vielerlei Absurditäten gärt immer wieder die Behauptung, die SRT/ART verstosse gegen den sogenannten 'gesunden Menschenverstand' der letztlich aber auch nur eine Fiktion selbiger 'Experten' darstellt. Lasse dich von solchem Unfug also nicht verwirren und dir deine wertvolle Zeit stehlen. Bevor man die ART kritisieren will, muss man sie erst einmal verstanden haben. Und dass ist auch bald hundert Jahre nach ihrer Entstehung immer noch eine Herausforderung. Leider muss man sagen dass aufgrund fehlendem mathematisch/physikalischem Grundwissen diese Klippe für Viele ein hoffnungsloses Hindernis darstellt. Aber falls du bis hier einigermassen durchgekommen bist, sieht es sehr gut für dich aus! Du musst nicht gleich alles auf Anhieb verstehen, vieles ergibt sich erst nach dem Studium verschiedener Quellen. Also, nur Mut! Der endliche Erfolg wird es lohnen.

Bevor wir uns an die eigentlichen Feldgleichungen wagen, sollten wir ein Resümee der Physik um 1900 ziehen um zu sehen, worum es Einstein in seinen Arbeiten zur Relativität eigentlich ging. Wie kam es zu der Entwicklung der ART im groben geschichtlichen Zusammenhang? Dass es in der Natur irgendwie mit rechten Dingen zugeht, war den Menschen ja bereits früh aufgefallen. Wie kommt der regelmässige Ablauf der Tage und der Jahreszeiten zustande? Klar, ein allmächtiger Gott, nennen wir ihn z.B. Jupiter, schiebt irgendwie den Sonnenwagen über das Firmament und Götterbote Merkur und die strahlende Liebesgöttin Venus tun ebenfalls geeignete Dienste um den Lauf der Dinge in Gang zu halten. Solch komplizierte Erklärungsmuster mit Hilfe einer Heerschar von Göttern und Halbgöttern konnte und kann dem Menschen bei ihrer Suche nach den Grundlagen ihres Daseins angeboten werden.

Götter sind allerdings reichlich potent und unberechenbar böse, wenn man sich nicht nach 'ihren Regeln' zu verhalten gedenkt. Angst ist jedoch ein schlechter Lehrmeister und die sich von den Göttern emanzipierende Philosophie suchte bald nach tiefergehenden Naturerklärungen, die mehr an der Ratio[1] orientiert war. Aristoteles' Naturbeschreibung war an dem Dogma aufgehängt, dass alle Erkenntnis aus purer Denkarbeit zu erwirtschaften sei. Experimente wurden ehr abgelehnt, und wenn überhaupt sollten sie lediglich der Bestätigung von bereits Erdachtem dienlich sein. Im Mittelalter konnte sich mit der Etablierung von Universitäten dass wissenschaftliche Denken mehr und mehr von der Religion abkoppeln. Insbesondere war da die akribische Arbeit der Astronomen, aus deren exakten Aufzeichnungen (sprich Experimenten) man alsbald ausgezeichnete Regelmässigkeiten ablesen konnte, die mit der gleichfalls immer besser werdenden Mathematik gut zu erfassen waren. Trotzdem war die daraus entstandene Naturbeschreibung reichlich kompliziert und verworren, der Lauf der Gestirne musste z.B. mit Hilfe komplizierter Zyklen und Epizyklen berechnet werden, die zudem nicht ganz Widerspruchsfrei waren. Irgendwo widersprach das dem 'gesunden Menschenverstand' (gM). Der Wechsel vom Erdzentrierten auf das Sonnenzentrierte System vereinfachte die Naturbeschreibung dann erheblich, erklärte aber auch nicht viel mehr als das alte System, kam aber dem gM sehr viel mehr entgegen.

---

[1] Eine umfangreiches Werk zu diesen Themen ist u.a. "The antropic cosmological principle" von Barrow/Tipler.

3.1 Newton betritt die Szene

Aufgrund der Vorarbeiten der Astronomen war es der Geistesblitz Newtons, der ihm angeblich beim Anblick eines fallenden Apfels kam, der einiges änderte. Newton erkannte, das die Ursache für den Fall des Apfels und der Bewegung der Planeten dieselbe sein musste, sofern man ein $1/r^2$ Gesetz für die Kraft ansetzte. Hatte man bislang dem fallenden Gegenstand ein eigenes Prinzip zugestanden, so war jetzt ein gemeinsames Prinzip, die Gravitation, für beides verantwortlich. Das entspricht wieder dem gM mehr, als für jede Erscheinung unterschiedliche Ursachen verantwortlich zu machen.

Physik zu betreiben heisst zunächst einmal, nach korrekten *Beschreibungen* der Natur zu suchen, nicht nach Erklärungen. Und da war der Erfolg der Newtonschen Theorie, die 'principia mathematica' von durchschlagender Wirkung. Newton entwickelte, zeitgleich mit Leibniz, die mathematische Theorie der Differential- und Integralrechnung, die zur korrekten Naturbeschreibung unabdingbar wurde. Ausgehend von nur wenigen Prinzipien und ihren mathematischen Verfeinerungen liesen sich praktisch alle damals bekannten Erscheinungen mit hinreichender Genauigkeit berechnen. Seine wesentlichen Entdeckungen waren die Trägheit

$$m_t \ddot{\mathbf{r}} = \sum \mathbf{F}_i \tag{3.1}$$

und die Gravitation

$$\mathbf{F}_G = G \frac{m_G M}{r^3} \mathbf{r} \tag{3.2}$$

Die erste Formel besagt, dass die Beschleunigung eines massebehafteten Körpers aus der Summe aller angreifenden Kräfte zu berechnen ist, die zweite besagt dass die Kraftwirkung der Gravitation der Masse proportional und umgekehrt proportional zum Abstandsquadrat $\left|\frac{\mathbf{r}}{r^3}\right| = \frac{1}{r^2}$ ist. Jedoch auch Newton war schon aufgefallen, dass seine Theorie nicht die ultima ratio sein konnte. Der unendliche absolute Raum und die mystische, gleichmässig und ewig fliessende Zeit waren auch seinen Zeitgenossen unheimlich und schienen dem gM zu widersprechen. Mathematische Philosophen, die mehr nach Erklärungen denn Beschreibungen suchen, konnten schon früh qualifizierte Kritik an Newtons Gedankengebäude vorbringen. Was besagt diese Kritik nun im wesentlichen?

Erstens besagt (3.1) dass die Masse einer Geschwindigkeitsänderung einen inneren Widerstand entgegensetzt, die sogenannte Trägheit. Diese träge Masse

m_t ist offensichtlich der gravitierenden Masse äquivalent, denn es gilt für ein im Schwerefeld frei fallendes Teilchen:

$$m_t \ddot{\mathbf{r}} = \mathbf{F}_G = G \frac{m_G M}{r^3} \mathbf{r}$$

Daraus ergibt sich als Bewegungsgleichung:

$$\ddot{\mathbf{r}} = G \frac{m_G M}{m_t r^3} \mathbf{r}$$

Wäre jetzt m_t nicht direkt proportional zu m_G, so würde das Gesetz vom Abstandsquadrat der Gravitation nicht mehr erfüllt sein. Also muss $m_t = m_g$ sein[2] und daher

$$\ddot{\mathbf{r}} = G \frac{M}{r^3} \mathbf{r}$$

und alles hat seine Ordnung. Was aber ist die Ursache der Gleichheit von träger und schwerer Masse?

Zweitens taucht im Gravitationsgesetz (3.2) die Zeit nicht direkt auf. Praktisch bedeutet dies, dass sich jede Änderung des Gravitationsfeld mit unendlicher Geschwindigkeit fortpflanzt und sofort (instantan) jeden Winkel des unendlichen Weltalls erfüllt. Wenn du also z.B. deiner Frau beim Abschied winkst, so würde diese geringe Änderung des Feldes, verursacht durch die Positionsänderung deiner Hand, sofort auch im Andromedanebel und auch in jeder weiteren Ecke des Alls zu spüren sein (sofern man dort über so genaue Messinstrumente verfügte).

Drittens leiden die Kräfte unter einer mysteriösen Fernwirkung, denn obwohl z.B. im Gravitationsgesetz die sich beeinflussenden Teilchen einen beliebig grossen Abstand r haben, üben sie doch eine Kraft aufeinander aus. Wie wird diese Kraft nur übertragen? Stösse können es im Falle des Gravitationsgesetzes auf jedenfall nicht sein. Zudem wird dann noch die Kraft für sehr kleine Abstände beliebig groß, d.h. es besteht eine sogenannte Singularität im Ursprung.

Viertens ist da die Wahl des richtigen Bezugssystems zur Aufstellung von Gleichungen, wählt man z.B. die Erde als Nullpunkt so hat etwa der Jupiter

---

[2]Eigentlich muss $m_t = \alpha m_g$ gelten, die Proportionalitätskonstante α verschwindet aber einfach in der Gravitationskonstante $G' = \alpha G$, denn Konstante mal Konstante durch Konstante ist wieder eine Konstante. Das besondere an G ist lediglich, das G unabhängig von Ort und Zeit ist; ihre absolute Grösse wird durch Messung bestimmt.

3.1. NEWTON BETRITT DIE SZENE

relativ dazu einen grossen Impuls und eine grosse kinetische Energie, die Erde aber nicht. Wähle ich den Jupiter als Bezugspunkt ist es gerade umgekehrt. Man hat also die Qual der Wahl und die ist im Prinzip beliebig aber wichtig. Welches Bezugssystem ist nun i.a. das richtige? Ausserdem ist es so, dass zwar die Newtonsche absolute Raumzeit den Gang der Dinge entscheidend prägt aber umgekehrt die physikalischen Vorgänge keinerlei Einfluss auf diese Raumzeit ausüben. Diese Raumzeit ist also gar kein physikalisches Objekt und ist damit sogar ein innerer Widerspruch zum Newtonschen Grundprinzip *actio est reactio*.

Alles dies gibt dem gM Rätsel auf. Vertieft wurden solche Zweifel mit der Entwicklung der mathematischen Beschreibung der elektrischen und magnetischen Erscheinungen. Zunächst stellt man analog zum Gravitationsgesetzt fest, dass sich elektrische Ladungen ebenfalls mit einem Abstandsquadratgesetz anziehen oder abstossen:

$$\mathbf{F}_e = k\frac{qQ}{r^3}\mathbf{r} \tag{3.3}$$

Dieses durch Experimente gefundene Gesetz ist so sehr analog zum Gravitationsgesetz, dass man getrost für die Ladung q eine elektrische Masse m_E hätte definieren können. Dann wäre die Einheit der elektrischen Ladung ebenfalls Kilogramm gewesen. So weit wollte aber keiner gehen, und so wurde die Einheit Coulomb C für die Ladung definiert, und alles andere geht in die Konstante k ein, die dafür sorgt das auf beiden Seiten der Gleichung die Einheit für eine Kraft kg m /sec^2 steht. Da man schon sehr bald feststellte, dass die Ladung q gequantelt ist, dass heisst nur in Vielfachen der Elementarladung e vorkommt, hätten man sich dann auch gleich schon fragen müssen, ob denn nicht die gravitative Masse auch gequantelt sei. Das elektrische Gesetz (3.3) krankt genauso an der Fernwirkung, der instantanen Ausbreitung der Kraftwirkung und natürlich an der Singularität $\lim_{r\to 0} F = \infty$ wie das Newtonsche Gravitationsgesetz auch. Weiterhin übten, wie man ebenfalls in Experimenten feststellte, gegeneinander (relativ) bewegte elektrische Ladungen eine weitere geschwindigkeitsabhängige magnetische Kraft aufeinander aus:

$$F_m = \alpha\frac{v}{r} \tag{3.4}$$

3.2 Maxwell tritt auf

So richtig interessant wurde es dann mit der Aufstellung der vollständigen Gleichungen der Elektrodynamik durch Maxwell, der alle elektrischen und magnetischen Erscheinungen in wenigen Differentialgleichungen für die Felder und Quellen zusammenführen konnte. Die auf den ersten Blick recht komplizierten Maxwellgleichungen lauten in der üblichen differentiellen Notation:

$$\text{div}\,\mathbf{D} = \frac{\rho_e}{\epsilon_0} \tag{3.5}$$

$$\text{div}\,\mathbf{B} = 0 \tag{3.6}$$

$$\text{rot}\,\mathbf{E} = -\frac{\partial \mathbf{B}}{\partial t} \tag{3.7}$$

$$\text{rot}\,\mathbf{H} = \mu_0 \mathbf{j} + \frac{1}{c^2}\frac{\partial \mathbf{D}}{\partial t} \tag{3.8}$$

mit $\epsilon_0 \mu_0 = 1/c^2$. Der Zusammenhang zwischen Ladung und Strom ergibt sich durch Divergenzbildung über die letzte Maxwell-Gleichung $\text{div}(\text{rot}\mathbf{H}) = 0 = \text{div}(\mu_0 \mathbf{j}) + \text{div}\frac{1}{c^2}\frac{\partial \mathbf{D}}{\partial t}$ und damit die sogenannte Kontinuitätsgleichung

$$\text{div}\,\mathbf{j} = -\frac{\partial \rho_e}{\partial t}$$

die nichts anderes besagt als dass der Strom durch bewegte Ladungen gebildet wird und Ladungen nicht einfach verschwinden. Bei bekannten Feldern $\mathbf{E}, \mathbf{H}$, die sich aus den Ladungs- und Stromverteilungen $\rho_e, \mathbf{j}$ gewinnen lassen, kann über die Newton/Lorentz-Kraftgleichung

$$\mathbf{F} = q(\mathbf{E} + \mathbf{v} \times \mathbf{H}) + \mathbf{F}_N \tag{3.9}$$

die Bewegungsgleichung eines Punktteilchens errechnet werden. $\mathbf{F}_N$ sind dabei Wechselwirkungskräfte nicht elektromagnetischer Art.

Im Vakuum existieren keine Ladungen, so daß $\rho_e = 0$ und $\mathbf{j} = 0$ gilt. Die materialspezifischen Größen ε, μ vermitteln den Zusammenhang $\mathbf{D} = \varepsilon \mathbf{E}$ und $\mathbf{B} = \mu \mathbf{H}$. Diese sind im Vakuum 1 und daher gelten die Identitäten $\mathbf{B} = \mathbf{H}$ und $\mathbf{D} = \mathbf{E}$. Damit ergeben sich die homogenen Maxwellgleichungen[3] für das

---

[3]Die Differentialoperatoren werden auch in der Schreibweise mit dem Nablaoperator ausgedrückt: rot= $\nabla \times$, div= $\nabla \cdot$, grad= ∇ und der Laplaceoperator $\triangle$ =div grad=∇^2.

3.2. MAXWELL TRITT AUF

Vakuum zu:

$$\begin{aligned}
\text{div}\,\mathbf{E} &= 0 \\
\text{div}\,\mathbf{H} &= 0 \\
\text{rot}\,\mathbf{E} &= -\frac{\partial \mathbf{H}}{\partial t} \\
\text{rot}\,\mathbf{H} &= \frac{1}{c^2}\frac{\partial \mathbf{E}}{\partial t}
\end{aligned} \quad (3.10)$$

Deren auffällige Symmetrie äussert sich in der klassischen elektromagnetischen Wellengleichung, die du erhälts, indem du die beiden letzten Gleichungen über die Rotation erneut miteinander verknüpfst:

$$\nabla \times (\nabla \times \mathbf{H}) = \nabla(\nabla \cdot \mathbf{H}) - \triangle \mathbf{H} = 0 - \triangle \mathbf{H} =$$

$$= \frac{1}{c^2}\frac{\partial}{\partial t}(\nabla \times \mathbf{E}) = -\frac{1}{c^2}\frac{\partial^2}{\partial t^2}\mathbf{H}$$

Dieselbe Prozedur ist auf die dritte Gleichung anzuwenden und man erhält die folgenden Wellengleichungen für die Komponenten des magnetischen und elektrischen Feldvektors:

$$\begin{aligned}
\triangle \mathbf{H} &= \frac{1}{c^2}\frac{\partial^2}{\partial t^2}\mathbf{H} \\
\triangle \mathbf{E} &= \frac{1}{c^2}\frac{\partial^2}{\partial t^2}\mathbf{E}
\end{aligned} \quad (3.11)$$

Nach der Maxwellschen Theorie pflanzen sich im Vakuum elektromagnetische Wellen also auch ohne tragendes Medium[4] mit der Geschwindigkeit c fort. Damit ist die den gM verletzende instantane Ausbreitung der Kraftwirkung zumindest für die elektrischen Erscheinungen vom Tisch und die mysteriöse Fernwirkung wird jetzt durch die Felder[5] E und H vermittelt.

Der Feldbegriff lässt sich nun ganz analog auch auf die Gravitation anwenden. Zunächst trennt man dazu die

$$\mathbf{F}_G = G\frac{mM}{r^3}\mathbf{r} =: m\mathbf{g}$$

---

[4]In Materie sehen die Gleichungen komplizierter aus. Insbesondere in Plasmen sind daher noch eine ganze Reihe anderer Wellenerscheinungen möglich.

[5]Diese Felder sind auf den ersten Blick natürlich genauso mysteriös. Heute würde man der Ansicht zuneigen, dass zwischen den Feldern und den Teilchen, die die Materie konstituieren, kein allzu grosser Unterschied mehr ist.

Probemasse m vom Feldvektor[6] $\mathbf{g} = \frac{GM}{r^3}\mathbf{r}$ ab . Der Feldvektor lässt sich als Gradient eines skalarwertigen Potentials U darstellen

$$\mathbf{g} =: -\nabla U = -\nabla(\frac{GM}{r}) \qquad (3.12)$$

wie du durch nachrechnen leicht verifizieren kannst. Auf den Feldvektor $\mathbf{g}$ kannst du nun noch die Divergenz Operation loslassen und über ein (Kugel-)Volumen integrieren

$$\int \text{div } \mathbf{g} dV = \int \mathbf{g}\mathbf{n} da = 4\pi r^2 GM/r^2 = \int 4\pi G \rho_m(r) dV$$

wobei $M = \int \rho_m dV$ ist und durch Vergleich der Integranden ergibt sich die Potentialgleichung des gravitativen Feldes aus der Dichteverteilung der Masse:

$$\Delta U = 4\pi G \rho_m \qquad (3.13)$$

Da es sich um ein konservatives Feld handelt, erhält man zudem:

$$\text{rot } \mathbf{g} = 0 \qquad (3.14)$$

und wie gezeigt

$$\text{div } \mathbf{g} = 4\pi G \rho_m \qquad (3.15)$$

für den Feldvektor der Gravitation. Ganz analog heissen die entsprechenden Gleichung für den elektrischen Feldvektor

$$\text{rot } \mathbf{E} = -\frac{\partial \mathbf{B}}{\partial t}$$

und

$$\text{div } \mathbf{E} = \epsilon_0^{-1} \rho_e$$

---

[6] Die Kraft F zeigt in positive r-Richtung, wenn der Ursprung im Zentrum der Probemasse m liegt. Dann hat das Potential ebenfalls das Vorzeichen plus $U = GM/r$. Liegt der Ursprung in der Zentralmasse M, so sind die Vorzeichen gerade andersherum: Die Kraft zeigt in negativer r-Richtung und das Potential hat negatives Vorzeichen $U = -GM/r$.

im elektromagnetischen Fall. Die Divergenz des elektrischen Feldes lässt sich ebenfalls noch als Potentialgleichung schreiben:

$$\Delta \Phi = \epsilon_0^{-1} \rho_e \qquad (3.16)$$

Bis auf Konstanten und dem Term $-\frac{\partial \mathbf{B}}{\partial t}$, der das elektrische an das magnetische Feld koppelt, sind die Feldgleichungen identisch. Letzterer Term ist aber entscheidend: Die Newtonsche Gravitation hat kein gravitomagnetisches Feld und daher auch keine Wellengleichung, die uns der instantanen Ausbreitung der Gravitation entledigen würde. Nun ist die Gravitation eine erheblich schwächere Erscheinung als der Elektromagnetismus[7] und daher wäre es doch denkbar dass ein gravitomagnetisches Feld

$$\operatorname{rot} \mathbf{g} = \alpha \frac{\partial \mathbf{g}_B}{\partial t}$$

existierte, dessen zeitliche Variation aber praktisch $\frac{\partial \mathbf{g}_B}{\partial t} \approx 0$ Null ist und daher der direkten Beobachtung entginge, aber doch die Existenz von mit begrenzter Geschwindigkeit sich fortpflanzenden Gravitationswellen ermöglichen würde??? Die Quellen dieses Feldes wären dann Massenströme, also relativ zueinander bewegte Massen, ganz analog zum Elektromagnetismus.

3.3 Albert kommt!

Gegen Ende des neunzehnten Jahrhunderts gab es also gute Gründe an der Newtonschen Mechanik zu zweifeln. Nicht desto trotzt aber vertraute man der Newtonschen Theorie praktisch blind, denn mit all ihren Verfeinerungen, vorallem auch ihren Erfolgen bei der Beschreibung statistischer Systeme wie der Thermodynamik, liessen Zweifel irgendwie als Gotteslästerung erscheinen. Statt nach einer Verbesserung der Newtonschen Theorie z.B. gemäß o.a. Strategie zu suchen, suchte mancheiner lieber 'Fehler' in der elektromechanischen Beschreibung der Natur. Insbesondere sollten sich nun die Felder E und B auf einem Medium im Newtonschen Sinne ausbreiten. Dieses Medium, der

---

[7]Berechnet man die Stärke der elektrischen Anziehung zwischen Elektron und Proton und vergleicht dies mit der gravitativen Anziehung der zugehörigen Massen, so erhält man eine Faktor $\approx 10^{40}$, und dass ist wahrlich nicht wenig.

Äther, musste im Sinne des absoluten Raumes nun irgendwo seinen feststehenden Ursprung haben, so dass sich die Bewegung gegen diesen Äther in den Wellenerscheinungen des Lichtes messen lassen würde. Dieser Äther musste aber auch geradezu pathologische Materialeigenschaften haben: denn da die Geschwindigkeit der Welle offensichtlich c ist, und die Schallgeschwindigkeit in mechanischen Systemen mit der Festigkeit des Mediums zusammenhängt, sollte das Dings zwar brutal hart, aber praktisch unspürbar sein, da die Gestirne und alles sonstige sich ungestört durch den Äther bewegten. Die Bahngeschwindigkeit der Erde beträgt wie man leicht nachrechnet 30 km/sec auf einer Kreisbahn um die Sonne, also immerhin etwa ein zehntausendstel der Lichtgeschwindigkait. Das hätte zu deutlich beobachtbaren Interferenzerscheinungen führen müssen, wenn man ein Interferometer relativ zum Äther in Drehung versetzt. Entsprechende Versuche, in allen nur erdenklichen Variationen ausgeführt, brachten aber immer nur negative Ergebnisse. Das veranlasste Lorentz, für den Nicht-Effekt eine Änderung der Raumzeitkoordinaten für Lichtstrahlen vorzuschlagen, die sich an der Richtung des Lichtstrahls zum Äther orientierte, und jeweils für eine exakte Kompensation des andernfalls zu erwartenden Effekts sorgte. Anscheinend waren die meisten Wissenschaftler der damaligen Zeit bereit, gegen den gM lieber eine mystische Zauberei in der Elektrodynamik zu akzeptieren um nichts an der so verehrten Newtonschen Mechanik ändern zu müssen. Es brauchte dann einen Albert Einstein der zeigte, dass nicht die Newtonsche Mechanik, sondern die logisch konsequenter entwickelte Elektrodynamik den Führungsanspruch inne hatte und die Lorentztransformationen eine Eigenschaft der Raumzeit selbst sind und auch für allgemeine mechanische Systeme gelten. Und so hiess seine Arbeit von 1905, veröffentlicht in den Annalen der Physik, 17, 1905, Seiten 891 bis 921, eingegangen am 30. Juni 1905 auch: *Zur Elektrodynamik bewegter Körper.*

3.4 Albert legt noch einen drauf...

Diese Arbeit wurde von der wissenschaftlichen Gemeinde aufgrund der innewohnenden Logik auch vergleichsweise schnell anerkannt, trotzdem, oder gerade wegen, des Umstandes, dass die SRT im Prinzip nicht allzu viel am Newtonschen System änderte. Nun gut, für hohe Geschwindigkeiten $v \approx c$ musste man etwas korrigieren, aber am Newtonschen Gravitationsgesetz ändert sich nicht viel und auch nicht an den meisten Problemen mit ihr. Das war Albert Ein-

3.4. ALBERT LEGT NOCH EINEN DRAUF... 53

stein sogleich aufgefallen (Zitat Einstein 1907, während der Arbeit an einem Übersichtsartikel zur SRT, aus Fölsing, S. 343: "Als ich daran schreib, wurde mir klar, das alle Naturgesetze innerhalb des Rahmens der speziellen Relativitätstheorie behandelt werden können - nur nicht das Gravitationsgesetz.") , und schon 1907 arbeitete er an der Erweiterung seiner Relativitätstheorie auf allgemeine beschleunigte Bezugssysteme. Auch jetzt spielte der gM wieder die grosse Hauptrolle, oder besser, da der gM letzlich nur eine Fiktion ist, die Wahl eines 'leitendes heuristisches Prinzips' (lhP). Das lhP der SRT war die Erkenntnis, dass die Wahl eines ausgezeichneten Bezugssystems grundsätzlich nicht nötig ist, da ein absolutes Bezugssystem garnicht beobachtbar ist. Das Newtonsche absolutes Bezugssystem ist somit keine Observable und existiert daher im physikalischen Sinne auch nicht, was u.a. durch die Interferrometerexperimente offensichtlich geworden war.

Daher überlegte sich Einstein sein später berühmt gewordenes Gedankenexperiments mit dem fallenden Aufzug: Stelle dir vor, man sperre einen Physiker mit all seinem Experimentierkram in einen kleinen Kasten oder Aufzug. Wenn der Aufzug freifällt, und mit ihm unser Physiker, dann kann er nicht unterscheiden, ob er frei fällt oder sich im feldfreien Weltraum weit ab der Erde befindet. Umgekehrt, wenn er wie im Aufzug wie üblich mit den Füssen auf dem Boden steht, kann er prinzipiell nicht unterscheiden, ob der Kasten nun fest auf dem Erdboden steht, oder ob der Kasten[8] irgendwo im Weltraum gleichmässig beschleunigt wird. Dies gilt zumindest, solange der Kasten nicht allzu gross ist, sonst würde er im ersten Fall nämlich wegen der Radialsymmetrie des Erdschwerefeldes eine winzige Neigung des Feldvektors links im Aufzug gegen den Feldvektor rechts im Aufzug feststellen können. Einstein konstatierte also das erweiterte Relativitätsprinzip: *zumindest lokal ist gravi-*

---

[8]Probiere es selbst aus! In grösseren Hochhäusern gibt es meist relativ geräumige Aufzüge die ziemlich flott und gleichmässig beschleunigen und am Ziel genauso gleichmässig wieder abbremsen. Wenn du während der Fahrt im Aufzug hin- und hergehst, wirst du gut spüren wie dein scheinbares Gewicht zu oder abnimmt. Ein weiteres schönes Experiment kannst du mit einer durchsichtigen Plastikflasche machen: Fülle sie zu 3/4 mit klarem Wasser. Nun schüttle gut, wenn du damit aufhörst werden sich die entstandenen Luftblasen und das Wasser *sofort* wieder entmischen. Nun mache es anders: Schüttle und werfe dabei die Flasche schön in die Höhe so dass sie *freifliegend* eine Wurfparabel beschreibt. Dabei kannst du gut beobachten dass sich Luft und Wasser jetzt *nicht entmischen*! Erst wenn du die Flasche wieder fängst, setzt sich die Luft schlagartig wieder nach oben ab. Im Bezugssystem der freifliegenden Flasche gibt es nämlich gar kein Gravitationsfeld mehr, das für den Auftrieb der Luft verantwortlich ist!

tative und träge Beschleunigung nicht unterscheidbar! Die logische Folgerung ist demnach, dass es einen mathematischen Zusammenhang geben müsse, der diese beiden Effekte *einheitlich beschreibt*.

Ein solches lhP ist für die Entwicklung der Physik sehr wichtig. Man braucht zwar nicht immer eines, denn viele Zusammenhänge sind mathematisch so offensichtlich, dass man geradezu darüber stolpert. Bei komplizierten Sachverhalten wird es ohne lhP aber sehr problematisch, denn dann sind die mathematisch möglichen Ansätze so vielfältig und arbeitsaufwendig, dass man sich leicht verirren kann. Einstein hätte z.B., basierend auf der o.a. Kritik der Newtonschen Mechanik versuchen können, direkt mathematisch analog zur Elektrodynamik eine gravitomagnetische Theorie aufzubauen. Dieser Ansatz hätte aber vermutlich nicht so schnell zu einem vertrauenswürdigen Ergebnis geführt, zumal es ihm bis zum Ende seines Lebens nicht gelang, eine befriedigende[9] vereinheitlichte Theorie[10] der Gravitation und Elektrodynamik zu finden.

So grossartige Theoretiker wie Poincare und Minkowski, wohl auch Einstein selbst[11], haben sich sogleich daran versucht die SRT in das Newtonsche Gravitationsgesetz einzubeziehen. Sie mussten aber schnell einsehen dass dann die ganze schöne Theorie aus dem Leim geht, insbesondere die Gleichheit von träger und schwerer Masse und das Reaktionsprinzip *actio es reactio* ging verloren. Einsteins Gedankenblitz des fallenden Aufzugs sollte dagegen genau so fruchtbar sein, wie rund 350 Jahre früher der fallende Apfel des Isaac Newtons.

---

[9]Befriedigend i.S. der Physik heisst, dass eine neue Theorie mindestens so gut ist wie die alten Theorien und diese auf ein gemeinsames Prinzip reduziert. Gleichzeitig sollte sie aber beobachtbare Phänomene vorhersagen bzw. erklären, aber keinesfalls Etwas vorhersagen, das dann beim besten Willen nicht zu finden ist!

[10]Selbstverständlich kann man elektrodynamische Effekte innerhalb der ART betrachten. Dazu führt man den elektromagnetischen Feldtensor ein. Die Elektrodynamik entsteht aber nicht 'von selbst' aus der ART. Albert Einstein rechnete noch auf seinem Sterbebett an diesem Problem herum.

[11]Für die genaue Geschichte siehe: Fölsing, Albert Einstein, suhrkamp TB, S. 343 ff.

Kapitel 4

Die Feldgleichungen

Einsteins Problem bestand also darin, ein der Newtonschen Mechanik ähnlichen Ausdruck für das Potential des gravitativen Feldes

$$\Delta U = 4\pi G\rho$$

herzuleiten. Wie kann dieser Ausdruck im Rahmen des erweiterten Relativitätsprinzips, d.h. die Nichtunterscheidbarkeit von Beschleunigungs- und Gravitationskräften, nun aussehen? Einstein präsentierte seine fertigen Gleichungen, nach vielen Irrungen und Wirrungen und nachdem er sie 1913 bereits richtig formuliert aber wieder verworfen hatte, am 25.11.1915 der preussischen Akademie der Wissenschaften. Der schwer erarbeitete Erfolg hatte allerdings einen Wehrmutstropfen, wie sich bald herausstellte. Der berühmte Mathematiker David Hilbert hatte nämlich dieselben Gleichungen auch schon wenige Tage vor ihm, am 20.11.1915 den Göttinger Kollegen vorgestellt.

Wie war es dazu gekommen? Einstein war zunächst kein so brillanter Mathematiker wie Hilbert, und Einstein, bei seiner physikalisch motivierten Suche immerwieder auf die Hilfe der Mathematiker[1] angewiesen, hatte Ende Juni des Jahres 1915 einige Zeit bei Hilbert verbracht und mit ihm seine Probleme

---

[1]Die Riemannsche Geometrie war damals elitäres Wissen einiger weniger Mathematiker und man konnte nicht wie heute in jeder besseren Bibliothek ein Buch zur Theorie kaufen. Ein weiterer wichtiger Wegbegleiter Einsteins in diesen Fragen war der Mathematiker Marcel Grossmann.

mit der Theorie tiefgehend diskuttiert. Da Hilbert zu dieser Zeit ebenfalls an der Entwicklung einer allgemeinen Feldtheorie arbeitete, baute er Einsteins Erkenntnisse in seine Theorie mit ein. Dabei kam ihm seine mathematische Virtuosität bei der Behandlung solch komplizierter Probleme zu Gute und er konnte die Einsteinschen Feldgleichungen aus der konsequenten Anwendung des Variationsprinzips vergleichsweise schnell und einfach herleiten. Trotzdem haben weder er, noch andere Fachkollegen seines Ranges je die originelle Urheberschaft Albert Einsteins in Zweifel gezogen.

4.1 Die Einsteinschen Feldgleichungen

Da wir hier nicht so viel Zeit haben wie Albert, zeige ich hier ersteinmal eine intuitive Herleitung der Feldgleichungen auf. Denken wir uns einen Karusselfahrer: Der sitzt nun, wie die Astronauten in ihrem Simulationsgestell, und kreist um eine feste Achse. Bei gleichbleibender Winkelgeschwindigkeit ω spürt er eine gewisse Kraft, die ihn in den Sitz presst. Diese Kraft ist umso grösser, je kleiner der Radius des Kreises ist. Die Gleichung der Kreisbahn[2] ist:

$$\mathbf{x} = (r\cos\phi, r\sin\phi) \qquad \phi = \omega t$$

und die Beschleunigung ergibt sich durch zweimalige Differentation nach t zu:

$$\mathbf{a} = (-r\omega^2 \cos\phi, -r\omega^2 \sin\phi)$$

Die Länge des zurückgelegten Weges s berechnet sich aus den ds

$$ds = \mu_{ij} dr d\phi$$

mit Hilfe einer passend gewählten Metrik:

$$\mu = \begin{pmatrix} 1 & 0 \\ 0 & r^2 \end{pmatrix}$$

Wenn $r = r_K =$ const. ergibt dies $ds^2 = 0 + r_K^2 d\phi^2$ wegen $dr = 0$ und das Integral über eine Kreisbahn ergibt damit $s = \int ds = r_K \int_0^{2\pi} d\phi = 2\pi r_K$, wie

---

[2]Es handelt sich bei der Kreisbahn um eine 1-dimensionale Mannigfaltigkeit, wie wir später noch sehen werden.

4.1. DIE EINSTEINSCHEN FELDGLEICHUNGEN

es sein muss. Wegen $\omega = \frac{d\phi}{dt}$ folgt damit wegen $\frac{d\phi^2}{dt^2} = \frac{1}{r_K^2}\frac{ds^2}{dt^2}$ das $\omega^2 = \frac{1}{r_K^2}\frac{ds^2}{dt^2} = v^2/r_K^2$ ist. Ergo: Die Beschleunigung, und damit die wirkenden Kräfte, ist

$$\mathbf{a} = \frac{v^2}{r_K}(-\cos\phi, -\sin\phi)$$

umgekehrt proportional zum Kreisradius r_K. Der taucht aber auch in der Metrik auf, und, da wir uns auf allgemeine Fälle beziehen, quadratisch in der Spur der Kreismetrik μ. Die allgemeinen Metrikelemente g_{ik} sind, wie wir in ART Teil I gesehen haben die Potentialequivalenten der Gravitation. Also sollten diese gemäß dem erweiterten Relativitätsprinzip auch der Beschleunigung bzw. dem Krümmungsradius ihrer Bahn proportional sein:

$$g_{ik} \propto 1/r_K \propto f(\text{spur}(g_{ik}))$$

Setzen wir einfach mutig an:

$$g_{ik} = \alpha \frac{R_{ik}}{R}$$

dabei ist R ein noch näher zu bestimmender Krümmungsskalar der für den Moment irgendwie eine Funktion der spur(g_{ik}) sein soll. Da links ein Tensor steht, *muss* rechts im Zähler ebenfalls ein Tensor stehen, den wir mit R_{ik} bezeichnen. Wie groß ist nun die Proportionalitätskonstante α? Da in Newtonscher Näherung $g_{ik} = \eta_{ik} + 2\psi_{ik}$ gelten soll, sind die nichtverschwindenden Metrikelemente vom Betrag $|g_{ii}| \approx |\eta_{ii}| = 1$ und die Spur für schwache Felder spur(g_{ik}) $\approx$ spur(η_{ik}) $= 1 - 1 - 1 - 1 = -2$ ist vom Betrag 2. Damit der Grenzwert von $\alpha \frac{R_{ik}}{R}$ nun gleichmässig gegen 1 gehen soll, wähle ich $\alpha = 2$ und damit ergibt sich:

$$G_{ik} := R_{ik} - \frac{1}{2}g_{ik}R = 0 \qquad (4.1)$$

Dies sind die homogenen Feldgleichungen im materiefreien Raum und diese werden gelegentlich mit dem Einsteintensor G_{ik} abgekürzt. Auf der rechten Seite muss bei Anwesenheit von Materie der Energie-Impuls-Tensor stehen:

$$G_{ik} = \beta T_{ik}$$

Wäre also noch die Proportionalitätskonstante β zu bestimmen.

Im einfachsten Fall wird T durch die Energiedichte ρc^2 bestimmt. Auf der linken Seite unserer Gleichung steht das Äquivalent zu ΔU der Newtonschen Theorie

$$\Delta U = 4\pi G\rho$$

und auf der rechten Seite die Materiedichte mal irgendeiner Konstanten. Ausserdem wissen wir, dass das Newtonsche Potential einer zentralen Punktmasse

$$U = -GM/r \Leftrightarrow rU/G = -M = -f(\rho)$$

ist, so dass auch noch ein Minuszeichen für die rechts stehende Funktion $T(\rho)$ anfallen sollte. Jetzt müssen wir noch beachten, dass die Metrikelemente g_{ij} reine Zahlen sind, wie du auch leicht anhand der Newtonschen Näherung der Geodätengleichung gesehen hast

$$g_{00} = 1 + 2U/c^2$$

und daher ist U zusätzlich noch mit $2/c^2$ zu multiplizieren, also:

$$\beta\rho c^2 = -\frac{2}{c^2}4\pi G\rho \Leftrightarrow \beta = -\frac{8\pi G}{c^4}$$

und damit ergeben sich die vollständigen Einsteinschen Feldgleichungen zu:

$$R_{ik} - \frac{1}{2}g_{ik}R = -\frac{8\pi G}{c^4}T_{ik} \qquad (4.2)$$

Wie du leicht nachrechnest sind deswegen R und R_{ik} von der Dimension m^{-2}. Die Krümmungen sind irgendwelche Funktionen der g_{ij}, und da diese von der Dimension einer einfachen Zahl sind, handelt es sich bei den R's vermutlich um Funktionen der zweiten Ableitungen der Metrikelemente nach den Ortskoordinaten x^l bzw. um Quadrate der ersten Ableitungen. Dies ist tatsächlich der Fall, und die quadratischen Terme sind eine der Ursachen für die Schwierigkeit aus diesen Gleichungen physikalisch sinnvolle Lösungen zu berechnen. Die Konstante $\kappa := \frac{8\pi G}{c^4}$ heisst auch Einsteinkonstante.

Nun wissen wir also schonmal wie der Tiger aussieht, jetzt gilt es noch ihn zu zähmen! Bis hierhin sind wir noch ganz billig durchgekommen, aber jetzt müssen wir endlich die Arbeit leisten, z.B. wie die Krümmung einer beliebigen

4.1. DIE EINSTEINSCHEN FELDGLEICHUNGEN

Hyper-Fläche zu berechnen ist oder wie der Energieimpulstensor im allgemeinen Fall aussieht. Dazu müssen wir in den weiteren, mehr mathematischen Abschnitten u.a. folgende Fragen klären:

- Was sind eigentlich Tensoren?

- Tensoralgebra: Wie rechnet man formal mit Tensoren?

- Welche Regeln gelten für den Metriktensor?

- Tensoranalysis: Wie berechnet man Differentiale und dergleichen von Tensoren?

- Wie sehen allgemeine geometrische Räume aus, was sind Mannigfaltigkeiten und wie rechnet man in denen?

- Wie berechnet man den Krümmungstensor?

- Wie sieht eine mathematisch rigorose Ableitung der Feldgleichungen aus (Einstein-Hilbert-Wirkungsintegral)?

- Wie berechnet man den Energie-Impulstensor?

Zum Abschluss diese Kapitels stelle ich nocheinmal die Newtonsche, Maxwellsche (der Einfachheit halber hier nur für das elektrische Feld) und Einsteinsche Theorie in der Tabelle (4.1) gegenüber. Wie du schön siehst, sind die

	Newton	Maxwell	Einstein
Bewegungsgleichung	$\ddot{\mathbf{x}} = \frac{1}{m}\mathbf{F}_g$	$\ddot{\mathbf{x}} = \frac{q}{m}\mathbf{E}$	$\ddot{x}^m = -\Gamma^m_{kl}\dot{x}^k\dot{x}^l$
Potentialgleichung	$\Delta U = 4\pi G \rho_m$	$\Delta \Phi = 4\pi\varepsilon^{-1}\rho_e$	$G_{ik} = -\kappa T_{ik}$

Tabelle 4.1: Die wichtigsten Zusammenhänge

Newtonschen Kräfte inklusive der Probemasse in die Differentiale der Metrik aufgegangen:

$$\frac{1}{m}\mathbf{F}_g \text{ bzw. } \frac{1}{m}\mathbf{F}_e(\mathbf{E}) \longmapsto -\Gamma^m_{kl}\dot{x}^k\dot{x}^l$$

Für die Potentiale gilt jeweils:

$$4\pi G \rho_m \text{ bzw. } 4\pi\varepsilon^{-1}\rho_e \longmapsto 8\pi G c^{-2}\rho_m + \text{weitere Terme}$$

Die Quellen der Felder sind im Newton/Maxwell-Fall *alleine* die Dichten; diese Felder werden sodann im absoluten Raum mit *unveränderbarer* euklidischer Metrik aufgehängt.

Im Falle der Einsteinschen Theorie bestimmen die Dichten (und zuweilen noch einige weitere Terme, die wir noch bestimmen müssen, dies sind zum Beispiel die Drücke, die auch eine Energieform sind) die Form der Metrik, die dann zur Bestimmung der Bewegungsgleichung herangezogen wird. Die Metrik ist also das Feld, indem dann die Teilchen frei fallen. Die Raumzeit ist somit selbst zum physikalischen Objekt geworden, die nicht mehr einfach geisterhaft da ist, sondern die selbst eine aktive Rolle übernimmt.

4.2 Vor der harten Mathe: Resümee bis hierher...

Bevor wir in die etwas mühseligen mathematischen Grundlagen der Differentialgeometrie einsteigen, wollen wir das bis hierhin erreichte kurz wiederholen:

1. Zu Beginn war die erstaunliche experimentelle Feststellung gemacht worden, dass die Lichtgeschwindigkeit c in jedem Bezugssystem gleich gemessen wurde.

2. Der zwingende Ausweg waren die Lorentztransformationen $x'_i = \frac{x_i - vt}{\sqrt{1-\frac{v^2}{c^2}}}$, die für kleine $v \ll c$ gegen die klassischen Galileitrafos gehen. Diese Trafos wurden von Albert Einstein auf beliebige Systeme verallgemeinert, daraus folgt u.a. $E = mc^2$. Experimentell konnten die Folgerungen aus der Theorie bestätigt werden.

3. Minkowski zeigte, wie sich auf dieser Grundlage die SRT geometriesieren lässt, wenn man die Zeit als gleichberechtigte Koordinate $x_t = ct$ auffasst und mit der Minkowskimetrik $\eta_{ij} = \text{diag}(1, -1, -1, -1)$ zum Wegelement verknüpft: $ds^2 = \eta_{ij} dx^i dx^j = c^2 dt^2 - dr^2$

4.2. VOR DER HARTEN MATHE: RESÜMEE BIS HIERHER... 61

4. Das Wegelement ds ergibt die sogenannte Weltlinie s, es wird auch als Eigenzeit[3] bezeichnet:

$$ds^2/dt^2 = c^2 - dr^2/dt^2 = c^2 - v^2$$

$$ds = cdt\sqrt{1 - v^2/c^2}$$

Definition: Das Wegelement $ds^2 = c^2 dt^2 - dr^2$ ist *zeitartig*, wenn der erste Term vom Betrage überwiegt, *raumartig* wenn der zweite Term der mächtigere ist. Wegen der Unüberschreitbarkeit von c sind physikalische Bahnen zeitartig. Für Licht gilt $dr = cdt$ und demnach $ds^2 = 0$, solche Bahnen nennt man *lichtartig*.

5. Einstein verallgemeinert dieses Wegelement auf beschleunigte Bezugssysteme (erweitertes Relativitätsprinzip) zu

$$ds^2 = g_{ij} dx^i dx^j$$

6. Da das Wegelement eine Konstante in allen Bezugssystemen ist, kann man das Variationsprinzip darauf anwenden, es ergibt sich die Bewegungsgleichung (Geodätengleichung) der ART:

$$\ddot{x}^m + \Gamma^m_{kl} \dot{x}^k \dot{x}^l = 0$$

7. In die Geodätengleichung gehen die Metrikelemente g_{ik} ein. Diese sind die Äquivalenten zum Newtonpotential $\Delta U = 4\pi G \rho$ und sind gemäß dem erweiterten Relativitätstprinzip ganz analog jetzt aus den Energie/Impulsdichten T_{ik} zu berechnen:

$$R_{ik} - \frac{1}{2} g_{ik} R = -\frac{8\pi G}{c^4} T_{ik}$$

Da in den verschiedenen Lehrbüchern häufig unterschiedliche Schreibweisen und Konventionen verwendet werden, die dann beim Beginner immer zu Verwirrung führen, dazu in Kürze hier einiges:

---

[3] Eigenzeit, da im eigenen Ruhesystem nur die Zeitkomponente des Wegelements existiert und deshalb im Ruhesystem immer $ds = cdt$ gilt (engl.: proper time).

- Die Sortierung der Koordinaten gibt es als $\mathbf{x} = (x^0, x^1, x^2, x^3)$ mit x^0 als Zeitkoordinate oder auch als $\mathbf{x} = (x^1, x^2, x^3, x^4)$ mit x^4 als Zeitkoordinate. Ich verwende hier erstere.

- Die Minkowskimetrik gibt es daher vorallem in den Variationen:
  $\mathrm{diag}(1, -1, -1, -1)$ und $\mathrm{diag}(-1, 1, 1, 1)$
  sowie $\mathrm{diag}(1, 1, 1, -1)$ und $\mathrm{diag}(-1, -1, -1, 1)$. Ich verwende hier erstere.

- Die Einsteinkonstante $\kappa = \frac{8\pi G}{c^4}$ taucht auch oft als $\kappa = \frac{8\pi G}{c^2}$ auf. Der Unterschied entsteht, wenn man statt der Energiedichte $T_{00} = \rho c^2$ die Materiedichte $T_{00} = \rho$ verwendet.

- Im Indexkalkül werden griechische und lateinische Indizes verwendet. Lateinische i laufen i.d.R. im R^4 von $0\ldots3$ (bzw. $1\ldots4$) und griechische α im R^3 von $1\ldots3$.

- In der theoretischen Physik werden Naturkonstanten oft weggelassen, da Konstanten keinen Einfluss auf das Differentialkalkül haben. Dadurch wird Schreibarbeit gespart und der Blick aufs wesentliche, d.h. die veränderlichen Terme, geschärft. Je nach Autor werden dann $G := 1$ und $c := 1$ oder auch $\hbar := 1$ und manchmal auch noch die Elementarladung $e := 1$ gesetzt; beliebt ist auch $\kappa := 1$ zu setzen. Der Nachteil ist, das man am Ende bei konkreten Berechnungen die fehlenden Konstanten wieder reinmontieren muss. Auch kann man schlechter die gewohnten Kontrollrechnungen anhand der korrekten Dimension (z.B. Länge gleich Länge plus Länge) der Summanden und Argumente durchführen. Ich werde, soweit sinnvoll, die Konstanten immer mitziehen, zumal die Konventionen in diesem Punkt schrecklich uneinheitlich sind.

Kapitel 5

Mathematik, Teil I

Nun kommen wir zur Zähmung des Tigers. Wie wir bereits gesehen haben, dreht sich alles um diesen Apparat, den wir *Metrik* nennen. Die Metrik ist ein Apparat, der den mathematischen Raum in dem wir rechnen wollen korrekt beschreibt, so dass wir z.B. Längen, Winkel, Flächen und Volumina berechnen können. Der übliche, flache, euklidische Raum hat die denkbar simpelste Metrik, deren Diagonalelemente alle gleich 1 sind. Da kann man diesen Apparat also meist unter den Tisch des Schülers fallen lassen. Übrigens ist der Raum genau dann flach, wenn der zugehörige *Krümmungstensor* verschwindet. Haben wir also zum Beispiel die Kugelkoordinaten zur Beschreibung eines physikalischen Zusammenhangs herangezogen, so werden wir sehen, dass dann keineswegs der R^3 gekrümmt ist, denn der Krümmungstensor verschwindet für diesen Raum dann immer noch. Behandeln wir aber Probleme auf der 2-dimensionalen Kugeloberfläche S^2, so hat dieser Unterraum tatsächlich eine nichtverschwindende Krümmung, die ggf. zu physikalischen Effekten führt. Solche Räume nennt man auch allgemeiner *Mannigfaltigkeiten*. Wir müssen uns also mit der Analysis von Tensoren (Metriktensor, Krümmungstensor u.a.) auf beliebigen Mannigfaltigkeiten (unsere mathematisch-physikalischen Räume) beschäftigen. Dazu müssen wir im folgenden einiges an Mathematik bewältigen, bevor wir mit diesen Werkzeugen arbeiten können.

5.1 Tensoren

Tensoren sind Objekte die über bestimmte Eigenschaften verfügen. Sie sind keine Matrizen, obwohl sich Tensoren 2. Grades gerade noch in solche Rechentabellen zwängen lassen. Eine Matrix ist lediglich ein mathematisches Rechenschema, mit dem sich viele Probleme der Algebra leichter abwickeln lassen.

Um den Unterschied zu erklären, schauen wir uns mal eine typische Matrixgleichung der linearen Algebra an:

$$\mathbf{A} \cdot \mathbf{x} = \lambda \mathbf{x}$$

Die kann man auch schreiben als:

$$a_{ij} x_j = \lambda x_j$$

Üblicherweise sind in der Schulmathematik die Matrixelemente a_{ij} einfache Zahlen, für die die üblichen Rechenregeln (Gruppenaxiome) gelten. Im Falle eines Tensors sind diese Elemente erstens nicht unbedingt einfache Zahlen, sondern Objekte, nämlich die Tensorelemente a_{ij}, für die ggf. etwas andere Rechenregeln gelten; und zweitens kann ein Tensor beliebig viele Stufen haben, z.B. R^a_{bcd} (ein Tensor vierter Stufe, 1-fach kontravariant und 3-fach kovariant), die sich eben nicht mehr in ein solches Datenschema wie eine Matrix zwängen lassen. Daher bleibt man gleich bei der o.a. Indexschreibweise für Tensoren, wobei die Begriffe Tensorelement (z.B. T_{00}) und Tensor (z.B. T_{ik}) schon mal etwas durcheinander gebraucht werden.

Welche Eigenschaften zeichen nun einen solchen Tensor aus? Wie die Begriffe ko- und kontra- Varianz schon andeuten, handelt es sich um Transformationseigenschaften der Tensorelemente insbesondere unter Änderung eines zugrundeliegenden Koordinatensystems (Grundgedanke der SRT!). Wie sieht das konkret aus? Zunächst betrachte einmal zwei Koordiantensysteme:

$$x^{i'} = f(x^k) \tag{5.1}$$

Dabei kannst du die Koordinaten des gestrichenen Systems immer durch irgendwelche Funktionen der Koordinaten des ungestrichenen Systems und umgekehrt

$$x^i = f^{-1}(x^{k'})$$

5.1. TENSOREN

durch die Umkehrfunktion von f ausdrücken, sofern diese Transformationsfunktion hinreichend analytisch ist, d.h. f^{-1} muss natürlich existieren. Als Beispiel nehme z.B. Zylinderkoordinaten (ρ, ϕ, h) in Abhängigkeit von den Kartesischen Koordinaten (x, y, z); dabei gilt z.B. für die erste Koordinate $x^{1'} := \rho = \sqrt{x^2 + y^2 + z^2} =: f(x_i)$, die restlichen 5 Transformationen kannst du dir zur Übung ausrechnen.

Als nächstes quäle ich jetzt mal irgendeine Funktion $A(x^i)$ (die wie jede anständige physikalische Funktion eine Funktion der gewählten Koordinaten ist) mit einer Koordinatentransformation:

$$\frac{\partial A}{\partial x^{i'}} = \frac{\partial A}{\partial x^k} \frac{\partial x^k}{\partial x^{i'}}$$

Genauer gesagt, ich schaue mal nach, wie sich A bei Änderung einer gestrichenen Koordinate verhält; dabei wurde lediglich die Kettenregel der Differentiation angewendet, z.B. gilt bei Zylinderkoordinaten $dA/dx = dA/d\rho \cdot d\rho/dx + dA/d\phi \cdot d\phi/dx + dA/dh \cdot dh/dx$. Die Koordinatentrafos kann ich abgekürzt mit $p^k_{i'} := \frac{\partial x^k}{\partial x^{i'}}$ schreiben:

$$\frac{\partial A}{\partial x^{i'}} = p^k_{i'} \frac{\partial A}{\partial x^k}$$

oder weiter abgekürzt

$$A_{,i'} = p^k_{i'} A_{,k} \tag{5.2}$$

wobei das Komma partielle Integration nach der auf das Komma folgenden Koordinate bedeutet. Nun betrachte ich, wie sich die Koordinaten selbst transformieren, wenn ich sie nach ihrem Laufparameter ableite:

$$\frac{\partial x^{i'}}{\partial \lambda} = \frac{\partial x^{i'}}{\partial x^k} \frac{\partial x^k}{\partial \lambda}$$

oder abgekürzt geschrieben:

$$x^{i'}_{,\lambda} = p^{i'}_k x^k_{,\lambda} \tag{5.3}$$

Grössen, die wie (5.2) transformieren, nennt man *kovariant*; Grössen, die wie (5.3) transformieren, nennt man *kontravariant*. Weiter abgekürzt (Relativisten lieben Abkürzungen) schreiben sich die beiden Gleichungen auch wegen der leichteren Lesbarkeit: *kovariantes Tensorfeld erster Stufe*

$$A_{i'} = p^k_{i'} A_k$$

kontravariantes Tensorfeld erster Stufe

$$B^{i'} = p_k^{i'} B^k$$

Natürlich gibt es mehrstufige Tensoren nach dem Schema: *m-fach kovariant und k-fach kontravariantes Tensorfeld*

$$A_{j_1 \ldots j_m}^{i'_1 \ldots i'_k} = p_{i_1}^{i'_1} \ldots p_{i_k}^{i'_k} p_{j'_1}^{j_1} \ldots p_{j'_m}^{j_m} A_{j_1 \ldots i_k}^{i_1 \ldots i_k}$$

Last but not least gibt es noch als einfachste Variante ein Tensorfeld nullter-Stufe, das *Skalarfeld*: Ist jedem Punkt P des Raumes eine reele Zahl $a(P)$ zugeordnet, die sich bei Koordinatenwechsel nicht ändert, dann heisst a ein skalares Feld. Kaum nötig zu erwähnen, das Tensorfeld $A_{j_1 \ldots j_m}^{i'_1 \ldots i'_k}(P)$ und Skalarfeld $a(P)$ i.d.R. einfach kurz als Tensor und Skalar bezeichnet werden.

Merke dir also: Ein Tensor ist ein Objekt (Funktion) die sich bei Koordinatentrafos wie oben angeführt verhält: Das Objekt transformiert also eigentlich ganz normal, wie es nach der Anwendung der üblichen Kettenregel der Differentation zu erwarten ist. Du wirst sagen, dass sei doch nichts besonderes, und das ist es in der Tat auch nicht. Problematisch wird es erst wenn wir einen zusammengesetzten Tensor dann wieder differentieren, denn das Ergebnis ist dann i.a. nicht immer wieder ein Tensor, sofern wir nicht besondere Regeln anwenden. Aber dass sehen wir später noch. Solange du jedoch nicht an einem Tensor(element) rumdifferentiertst, kannst du ihn im Prinzip wie eine normale Zahl oder Funktion behandeln. *Aber* merke dir jetzt auch schonmal: Das ist der Punkt, wo die Kuh das Wasser lässt! Das allgemeine Relativitätsprinzip besagt ja im wesentlichen, dass es unerheblich ist, welches Koordinatensystem du verwendest um physikalische Probleme zu betrachten. Deine Tensoren sind also die anständigen Funktionen, die dein Problem beschreiben. Wenn du darauf die in der Physik üblichen Differentationsprozesse anwendest, müssen Tensoren Tensoren bleiben und mit dieser Forderung wird es im weiteren mathematisch kompliziert.

Der damit zusammenhängende Begriff *allgemeine Kovarianz* ist ein ziemlich zentrales Thema der ART, und daher solltest du eine ungefähre Vorstellung haben, was dies bedeuten soll. Wie du gesehen hast, transformiert ein Feld $A(x_i)$ der Koordinaten kovariant. Auch die einzelnen Koordinatentrafos sind solche Felder, z.B. die Polarkoordinate $\rho = \sqrt{x^2 + y^2}$. D.h. die Koordinatentrafos selber transformieren kovariant. Kovarianz bedeutet also in etwa, dass die Felder im Raum (sprich Felder auf Mannigfaltigkeit) mathematisch genauso transformieren wie das Koordinatensystem selbst, sich also quasi *parallel* mit diesem entwickeln. Physikalisch soll das bedeuten: Beobachtbare Grössen sollten nicht direkt vom gewählten (beliebigen) Bezugssystem abhängen. Einerseits gibt es bestimmte vom Bezugssystem unabhängige skalare Grössen, wie zum Beispiel das Wegelement ds. Andere Grössen sind durchaus vom Bezugsystem abhängig, aber nicht beliebig! So ist zum Beispiel die Ruheenergie $E = m_0 c^2$, der bewegte Beobachter misst aber $E = m_0 c^2 / \sqrt{1 - v^2/c^2}$, d.h. die Energie transformiert ähnlich wie eine Koordinate $x' = (x - vt)/\sqrt{1 - v^2/c^2}$.

5.2 Tensoralgebra

Aus dem oben gesagten lassen sich jetzt die wesentlichen Regeln der Tensorverknüpfung ablesen:

1. Auf beiden Seiten einer Tensorgleichung müssen immer die gleiche Anzahl oberer und unterer Indizes stehen, d.h. das sogenannte *Indexbild* muss immer stimmen, z.B.:

$$B^i = a^i + b^i$$
$$C^i_{lm} = \lambda c^i_{lm} + \beta d^i_{lm}$$

2. Du kannst Tensoren *multiplizieren* nach dem Schema:

$$C^{ikn}_{lm} = B^{ik}_l A^n_m$$

3. Tensoren *verjüngen* (oder auch *kontrahieren* genannt)

$$R_{ik} = K^a_{aik} = \sum_{a=0}^{4} K^a_{aik}$$

durch ausführen der Summation über gleiche oben und unten stehende Indizes. Da die ausgeführte Summation hier den Index a zum verschwinden bringt, stimmt auch das Indexbild wieder.

4. *Überschieben* durch Multiplikation passender Tensoren:

$$d_j = c^i_{ij} = a_i b^i_j$$

5. Ein Index eines Tensors lässt sich nach obigen Regeln *Senken* oder *Heben* unter Verwendung des metrischen Tensors, z.B.:

$$b_i = g_{ij} b^j$$

$$b^i = g^{ij} b_j$$

$$b_{ij} = g_{im} g_{jk} b^{km}$$

$$b^{ij} = g^{im} g^{jk} b_{km}$$

Die wichtigen besonderen Eigenschaften des metrischen Tensors werden wir im nächsten Abschnitt sehen. Lass dich nicht verwirren durch die Tatsache das auf dieser Gleichung auf beiden Seiten der Bezeichner b für die Tensoren b_i und b^j verwendet wird. Beide sind in der Tat unterschiedlich[1], lies einfach das b_i der kovariante Tensor b zur Basis (x^i) ist und b^j der kontravariante Tensor b zur Basis (x^j) ist.

6. Wichtig für Rechnungen mit Tensoren ist u.a. auch noch der Einheitstensor δ^i_j mit $\delta^i_j := 1$ für $i = j$ und $\delta^i_j := 0$ für $i \neq j$ als neutrales Element der Tensorrechnung.

5.2.1 Wir berechnen eine Raumkrümmung

Mit diesen Rechenregeln lässt sich schon einiges anfangen. Nehmen wir uns mal die Feldgleichungen vor:

$$R_{ik} - \frac{1}{2} g_{ik} R = -\kappa T_{ik}$$

Die kann man durch Heben/Senken/Verjüngen schon interessant manipulieren. Dazu muss ich zwar zwei Dinge bezüglich Metrik und Krümmung vorwegnehmen, aber das sollte kein Problem sein. Die Metrik g_{ij} hat die Inverse[2] Matrix $(g_{ij})^{-1} = g^{ij}$ und es gilt

$$g_{ik} g^{im} = g^m_k = \delta^m_k$$

---

[1] Z.B.: $b_i = g_{ij} b^j$, nehmen wir mal die einfache Metrik $g_{ij} = \text{diag}(1 + 2U/c^2, -1, -1, -1)$, dann ist $b_0 = g_{0j} b^j = g_{00} b^0 + g_{01} b^1 + g_{02} b^2 + g_{03} b^3 = (1 + 2U/c^2) b^0$, da nur die Diagonale besetzt ist. Der algebraische und numerische Wert von $b_0 \neq b^0$ ist also i.a. unterschiedlich.

[2] Das Inverse der Matrix bildest du wie in der linearen Algebra üblich. Insbesondere sind bei einer Diagonalmatrix dazu lediglich die Diagonalelemente als Kehrwert zu nehmen.

5.2. TENSORALGEBRA

Nun multipliziere die Feldgleichung mit der Inversen g^{im}:

$$R_k^m - \frac{1}{2}g_k^m R = -\kappa T_k^m$$

Störe dich nicht daran, dass der enstandene Tensor einfach $g^{im}R_{ik} := R_k^m$ gesetzt wird. Nun verjünge durch Multiplikation mit g_m^k:

$$R_m^m - \frac{1}{2}g_m^m R = -\kappa T_m^m$$

Nun bedenke das wegen der obigen Definition des Inversen von g gilt: $g_m^m = 4$. Ausserdem gilt $R_m^m := R$, wie wir später noch sehen werden. R ist der Ricci-Scalar, also unser mittlere Krümmung. Damit gilt:

$$R - 2R = -\kappa T_m^m$$

bzw.:

$$R = \kappa T_m^m$$

Diese Identität kannst du wieder in die Feldgleichung einsetzen:

$$R_{ik} - \frac{\kappa}{2}g_{ik}T_m^m = -\kappa T_{ik}$$

Gleichung umstellen bringt mit $T := T_m^m$:

$$T_{ik} - \frac{1}{2}g_{ik}T = -\frac{1}{\kappa}R_{ik}$$

Interessanterweise sind die Feldgleichungen von der Form her völlig symmetrisch in Krümmung und Dichte!

Gehen wir noch etwas weiter in unserer Betrachtung und bedenken wir, dass ich aufgrund der völligen Freiheit in der Wahl des Koordinatensystems immer lokal, d.h. in einer kleineren Umgebung eines Punktes ein Koordinatensystem finden kann (sogenanntes Inertialsystem), indem gilt $g_{ik} = \eta_{ik}$. Dann können wir schon mal einen Krümmungstensor[3] berechnen. Wählen wir $i = k = 0$:

$$T_{00} - \frac{1}{2}g_{00}T_m^m = -\frac{1}{\kappa}R_{00}$$

---

[3]Genauer gesagt: Einen Ricci-Tensor. Wie wir noch sehen werden, berechnet sich dieser durch Kontraktion des Krümmungstensors $R_{ik} = R_{aik}^a$ und der Ricci-Skalar $R = R_m^m$ durch erneute Überschiebung/Kontraktion.

Wegen $T_m^m = g^{mk}T_{mk}$ gilt:

$$T_{00} - \frac{1}{2}g_{00}g^{mk}T_{mk} \cong T_{00} - \frac{1}{2}\eta_{00}(\eta^{00}T_{00} + \eta^{11}T_{11} + \eta^{22}T_{22} + \eta^{33}T_{33})$$

und wegen $\eta = \text{diag}(1, -1, -1, -1)$ gilt

$$R_{00} = -\frac{\kappa}{2}(T_{00} + T_{11} + T_{22} + T_{33})$$

und soweiter für die restlichen Diagonalelemente:

$$R_{11} = -\frac{\kappa}{2}(T_{00} + T_{11} - T_{22} - T_{33})$$

$$R_{22} = -\frac{\kappa}{2}(T_{00} - T_{11} + T_{22} - T_{33})$$

$$R_{33} = -\frac{\kappa}{2}(T_{00} - T_{11} - T_{22} + T_{33})$$

Mit ein bisschen Tensoralgebra und ein paar physikalischen Überlegungen haben wir jetzt also unseren ersten richtigen Krümmungstensor hergeleitet. Was besagt das Ergebnis? Es zeigt uns, das die Hauptkrümmungen der Raumzeit lokal durch den Dichtetensor bestimmt werden. Für kleine Feldstärken ist $T = \text{diag}(\rho c^2, 0, 0, 0)$ der Energie/Impulstensor und es ergibt sich der Krümmungstensor zu:

$$R_{ik} = -\frac{4\pi G}{c^2}\begin{pmatrix} \rho & 0 & 0 & 0 \\ 0 & \rho & 0 & 0 \\ 0 & 0 & \rho & 0 \\ 0 & 0 & 0 & \rho \end{pmatrix}$$

Da ist also wieder unser guter alter Newtonscher Bekannter

$$\Delta U = 4\pi G\rho$$

zu erkennen, wie nicht anders zu erwarten war. Bilden wir nun noch den Krümmungsskalar R, der sich hier einfach durch Überschieben mit der inversen Minkowskimetrik bilden lässt

$$R = \eta^{ij}R_{ij} = \frac{8\pi G\rho}{c^2} = \frac{2\Delta U}{c^2}$$

und umgestellt ergibt sich

$$\Delta U = \frac{c^2}{2}R = 4\pi G\rho$$

Diese letzte Gleichung lässt sich dahingehend interpretieren, dass das Newtonsche gravitative Potential U eine Funktion der Krümmung oder der Materiedichte (ρ =Masse/Volumen) ist. Also scheint die Gleichung Krümmung(Geometrie)$\equiv$ Dichte(Materie) zu gelten. Schön wäre es, wenn man selbstkonsistente quantisierende Lösungen

$$m_e \sim \frac{c^2}{8\pi G} RV(m_e)$$

dieses Zusammenhangs finden könnte, die dann Elementarteilchen repräsentierten. Dieses Problem wurde schon früh von Albert Einstein ins Auge gefasst, kam aber nie zu einem krönenden Abschluss. Das liegt möglicherweise daran, dass die RT eine Kontinuumstheorie ist die lediglich als Grenzfall einer Quantentheorie hoher Quantendichte zu sehen ist. Es gibt gute Gründe, die Quantentheorie als die im Prinzip grundlegendere Theorie zu betrachten: In der sogenannten Stringtheorie werden die Ideen der RT und der QT geschickt zusammengeführt, aber die Komplexität solcher Theorien kannst du dir jetzt schon ausmalen.

Für diesen Abschnitt merke dir: Mit der hier gezeigten Methode kannst du immer eine Raumkrümmung[4] berechnen wenn eine Metrik und der Energieimpulstensor gegeben sind. In diesem Beispiel habe ich lediglich die simpelste Näherung genommen. Aber nimm dir mal zur Übung die korrekte Schwarzschildmetrik mit der gleichen Methode vor. Der Unterschied liegt lediglich in einem Faktor 1/2.

5.3 Der Metriktensor

Das zentrale Arbeitspferd der ART ist der Metriktensor, der uns nun schon längere Zeit begleitet und den wir nun etwas mehr auf theoretische Füsse stellen müssen. Physik ist eine messende Wissenschaft und benötigt daher mathematische Instrumente um zu Messen. Maße und Metriken benutzt du immer

---

[4]Damit meiner ich den Riccitensor R_{ik} und den Krümmungsskalar R. Der vollständige Krümmungstensor R^a_{bcd} ist aber etwas komplizierter zu berechnen.

intuitiv wenn du irgendeine Grösse eines Objektes angibts: Die Aussage "Mein Grundstück ist 10 m breit und 20 m lang, es hat daher eine Fläche von 200 qm" beinhaltet schon eine ganze Menge solcher Maße und Metriken. Denn (a) musst du wissen was 1 Meter ist[5]; (b) zweitens setzt du voraus, das Breite und Länge senkrecht zueinander stehen, d.h. die Basisvektoren an deinem Grundstück ein Orthonormalsystem bilden und (c) das der Raum indem du misst, nicht gekrümmt sondern euklidisch flach ist. Alle diese Annahmen sind mehr oder weniger naheliegend aber keineswegs selbstverständlich. So befindet sich dein Grundstück ja auf der gekrümmten Erdoberfläche, und deswegen sind die vermuteten rechten Winkel gar keine rechten; die Winkelsumme würde bei genauem messen 360 Grad überschreiten. Oder dein Grundstück liegt quer durch eine ab- und aufsteigende Senke, und die Winkelsumme wäre kleiner als 360 Grad. Nun, im Alltagsleben kommt es auf den einen oder anderen Quadratmeter nicht so an, und man wird meist mit einfachsten Metriken zurecht kommen.

Was nun wenn dein Grundstück kreisförmig ist? Du wirst sagen, mein Grundstück hat einen Durchmesser von 50 m, seine Fläche ist daher $F = \pi(\frac{d}{2})^2 = 3.14 \cdot 25^2 m^2 = 1963,5 m^2$. Schlau wie du bist hast du jetzt in Polarkoordinaten gerechnet, was sich in der einfachen Flächenformel $F = \pi r^2$ für den Kreis ausdrückt; du hast eine krummlinige Metrik verwendet. Die anderen Probleme bleiben übrigens gleich, so ist die Kreisfläche auf der gekrümmten Erdoberfläche nicht πr^2 sondern etwas grösser! Aber den einen oder anderen Quadratmeter wirst du dir im Alltagsleben natürlich schenken.

In der ART haben wir es mit kompliziert gekrümmten Räumen zu tun, und da wir es nun genauer nehmen müssen, müssen wir uns mit allgemeingültigeren Metriken beschäftigen. Beginnen wir also damit, unsere Basisvektoren auf einem gegebenen Raum zu definieren. Stelle dir zunächst einen euklidischen Hilfsraum vor, der eine Dimension mehr hat als den zu betrachtenden physikalischen Raum. Als Denkbeispiel nehme eine beliebig gekrümmte Fläche S^n mit (Flächen-)Koordinaten $x^1 \ldots x^n$ die irgendwie im Raume[6] R^{n+1} mit

---

[5]Das war ursprünglich das Urmass in Paris, das ist ein blank geputzter Edelmetallklotz der ein 40-millionstel des Erdumfanges bemessen sollte. Heute verwendet man ein bestimmtes Vielfaches einer bestimmten atomaren Wellenlänge, da sich diese leichter reproduzieren lässt als dass man zum Nachmessen immer nach Paris fahren müsste.

[6]Dieser Raum ist nur ein anschaulicher Hilfsraum für den Start ins Thema. Er hat keine mathematisch/physikalische Bedeutung. Im übrigen zur Verwendung der Begriffe: Die Wörter Raum und Fläche sind nur intuitiv durch R^3 und R^2 belegt. Im allgemeinen Sin-

5.3. DER METRIKTENSOR

(Raum-)Koordinaten $y^1 \ldots y^{n+1}$ schwebt. Nun nehme (a) irgendwo im Raume einen Nullpunkt, den du o.E.d.A auch auf die Fläche selbst legen kannst, und (b) einen Aufpunkt $P = (x^1 \ldots x^n)$ auf der Fläche. Die nun auf der Fläche liegenden ortsabhängigen Basisvektoren definierst du als:

$$\mathbf{e}_j := \frac{\partial \mathbf{r}(P)}{\partial x_j}$$

Hältst du alle Koordinaten x_i fest und variierst nur x_j, so erhälts du die x^j-te Koordinatenlinie durch den Punkt P. $\mathbf{e}_j$ ist der Tangentenvektor an die x^j-te Koordinatenlinie im Punkt P. Weiterhin bezeichnet man die Fläche, die du erhälst wenn du x^j festhälst und alle anderen x^i variierst, als die j-te Hyperfläche durch den Punkt P.

Das System $\mathbf{e}_1 \ldots \mathbf{e}_n$ ist die sogenannte *natürliche Basis* im Punkt P bezüglich der (krummlinigen) Koordinaten x^i. Im allgemeinen Fall ist $\mathbf{e}_j$ kein Einheitsvektor $\mathbf{e}_j^* := \mathbf{e}_j/|\mathbf{e}_j|$, man rechnet aber einfachheitshalber mit diesem weiter. Nun sei eine Bahnkurve $\mathbf{r}(t) = \mathbf{r}(x^1(t), \ldots, x^n(t))$ auf der Fläche gegeben. Dann gilt für die Geschwindigkeit:

$$\frac{d\mathbf{r}}{dt} = \frac{d\mathbf{r}}{dx^j}\frac{dx^j}{dt} = \mathbf{e}_j \dot{x}^j$$

und für die Bogenlänge:

$$(\frac{ds}{dt})^2 := (\frac{d\mathbf{r}}{dt})^2 = (\frac{d\mathbf{r}}{dx^1}\frac{dx^1}{dt} + \ldots + \frac{d\mathbf{r}}{dx^n}\frac{dx^n}{dt})^2 =: g_{ij}\dot{x}^i\dot{x}^j$$

mit

$$g_{ij} := \mathbf{e}_i \mathbf{e}_j$$

Die dt lassen sich beiderseits wegkürzen und man schreibt daher kurz

$$ds^2 = g_{ij}dx^i dx^j$$

für das Wegelement, dass du ja schon kennst.

---

ne ist ein Raum aber ein Bereich mit gegebenen Eigenschaften (Metrik) auf dem ich dann rechne. Insbesondere kann der Raum ($\approx$Mannigfaltigkeit) beliebig viele Dimensionen haben, also d=1 oder d=4 oder auch d=26. Der Begriff Fläche (oder Hyperfläche) würde in obigen Zusammenhang andeuten, dass es sich dabei um einen Raum handelt, der eine Dimension weniger hat.

Wichtig sind die Transformationseigenschaften der Basis. Wandere ich von einer Koordinatendarstellung (x^i) zu $(x^{i'})$ so transformieren die Basisvektoren wie:

$$\mathbf{e}_j := \frac{\partial \mathbf{r}(P)}{\partial x_j} = \frac{\partial \mathbf{r}(P)}{\partial x_{j'}} \frac{\partial x_{j'}}{\partial x_j} = \mathbf{e}_{j'} \frac{\partial x_{j'}}{\partial x_j}$$

oder nach Umstellen:

$$\mathbf{e}_{j'} = \frac{\partial x_j}{\partial x_{j'}} \mathbf{e}_j$$

d.h. die Basisvektoren transformieren kovariant. Weiterhin sei nun $\mathbf{v}(P) = v^j \mathbf{e}_j$ ein Vektorfeld, dann transformiert dieses wie:

$$v^j \mathbf{e}_j = v^{j'} \mathbf{e}_{j'} = v^{j'} \frac{\partial x_j}{\partial x_{j'}} \mathbf{e}_j$$

und nach Umstellen ergibt sich:

$$v^{j'} = \frac{\partial x_{j'}}{\partial x_j} v^j$$

Daraus folgt das Vektorfelder auf solchen Räumen kontravariant transformieren.

An einem ganz einfachen Beispiel will ich nun mal dass Schema klarmachen: Wie sieht die Metrik für das Rechnen mit Polarkoordinaten (r, ϕ) auf der flachen euklidischen Fläche (x, y) aus? Die Kreisdarstellung in Polarkoordinaten ist (ergibt sich direkt aus einfacher Geometrie):

$$\mathbf{r} = (x, y) = (r \cos \phi, r \sin \phi)$$

Dann ist entsprechend obiger Logik:

$$\mathbf{e}_r = \partial_r \mathbf{r} = (\cos \phi, \sin \phi)$$

$$\mathbf{e}_\phi = \partial_\phi \mathbf{r} = (-r \sin \phi, r \cos \phi)$$

und weiter

$$g_{rr} = \mathbf{e}_r^2 = 1$$
$$g_{\phi\phi} = \mathbf{e}_\phi^2 = r^2$$
$$g_{r\phi} = g_{\phi r} = \mathbf{e}_r \mathbf{e}_\phi = 0$$

5.3. DER METRIKTENSOR

und das Wegelement ist:
$$ds^2 = dr^2 + r^2 d\phi^2$$

Damit kann man jetzt z.B. den Umfang ($r = R$ =const und deswegen $dr = 0$)

$$U = \int ds = \int_0^{2\pi} R d\phi = 2\pi R$$

oder die Kreisfläche berechnen:

$$F = \int df = \int_0^R \int_0^{2\pi} r dr d\phi = \int_0^R 2\pi r dr = \pi R^2$$

Für letztere Rechnung muss man allerdings die Regel für die sogenannte Volumenform kennen, die besagt das sich $df = \sqrt{\det(g)} dx^i dx^j$ aus der Determinate der Metrik ergibt, in unserem Falle also $df = r dr d\phi$.

Das kleine Beispiel sollte zeigen, wie die Sache mit der Metrik funktioniert. Allerdings haben wir in diesm Fall nur krummlinige Koordinaten für die flache Ebene verwendet, und nicht etwa in einem gekrümmten Raum gerechnet. Ob der Raum selbst gekrümmt ist, ist eine andere Frage, die erst durch den Krümmungstensor entschieden wird. Anschaulich siehst du aber, dass in diesem Beispiel die Kreisfläche (die hier den R^2 aufspannt) nicht gekrümmt ist, sehr wohl aber die Kreislinie (die hier den S^1 aufspannt). Merke dir also dass die Metrik das mathematische Objekt ist, mit dem wir alle geometrischen Grössen in unserem Raum berechnen können. Die Metrik hat natürlich noch weiter wichtige Eigenschaften, die wir jetzt noch betrachten müssen.

Schauen uns wir zunächst mal die bisher verwendeten Metriken, zum besseren Vergleich alle in in vier Dimensionen, an:

- $\mu_e = \text{diag}(1, 1, 1, 1)$ euklidische Metrik, orthonormale Basis;
- $\mu_p = \text{diag}(1, r^2, 1, 1)$ Zylindermetrik (Polarkoordinaten);
- $\mu_M = \text{diag}(1, -1, -1, -1)$ Minkowskimetrik der SRT;
- $\mu_A = \text{diag}(1 + 2U/c^2, -1, -1, -1)$ einfachste Newtonsche Näherung.

Die Unterschiede springen gleich ins Auge: Wir haben zwei Metriken die im ganzen Raume konstant sind (μ_e, μ_M); zwei Metriken die ortsabhängig sind (μ_p, μ_A); zwei Metriken deren Determinante positiv (μ_e, μ_p) und zweie deren

Determinante negativ (μ_M, μ_A) ist. Das besondere an Metriken der ART ist also, dass sie ortsabhängig sind und eine negative Determinante haben. Ersteres ist die Eigenschaft, dass der Raum durch die Gravitationspotentiale aufgespannt wird und letzteres ist die Hyperbolizität der Metrik. Insbesondere kann das Wegelement dadurch auch negativ sein (raumartig). Die Metriken (μ_e, μ_M) bezeichnet man als euklidisch und pseudoeuklidisch, die koordinatenabhängigen Metriken (μ_p, μ_A) als riemannsch und pseudoriemannsch.

Weitere Eigenschaften der Metrik sind, wie z.T. schon gezeigt:

$$g_{ij} = g_{ji}$$

wegen der Vertauschbarkeit der partiellen Ableitungen;

$$\det g_{ij} =: g \neq 0$$

d.h. die Metrik ist nicht singulär;

$$(g_{ij})^{-1} = g^{ij}$$

d.h. der zweifach-kontravariante Metriktensor wird durch invertieren der Matrix des zweifach-kovarianten Metriktensors gebildet;

$$A_i = g_{ij}A^j \qquad A^i = g^{ij}A_j$$

der Metriktensor ermöglicht dass Herauf- und Herunterziehen von Indizes und damit ergibt sich für die Länge eines Vektors

$$|A^i| = \sqrt{|A_i A^i|} = \sqrt{|g_{ij}A^i A^j|}$$

Ausserdem lassen sich mit Hilfe der Metrikelemente, wie bereits gezeigt, die Christoffel-Symbole definieren mit den Eigenschaften:

$$\Gamma_{ikl} = \Gamma_{ilk}$$

$$\Gamma_{ikl} + \Gamma_{lki} = g_{il,k}$$

wobei letzteres einfach durch Einsetzen der Christoffeldefinition zu ersehen ist. Ausserdem ergibt sich nach einigermassen umständlichem Rechnen für die Determinante g der Metrik folgender Zusammenhang:

$$\frac{1}{\sqrt{|g|}}\frac{\partial \sqrt{|g|}}{\partial x^j} = \frac{\partial \ln \sqrt{|g|}}{\partial x^j} = \Gamma^i_{ij}$$

Zuletzt ist noch der logische Zusammenhang zwischen Minkowskimetrik und allgemeiner Metrik für den Fortgang der Dinge notwendig. Das Minkowskiwegelement ist bekanntlich $ds^2 = \eta_{ij}dx^i dx^j$ mit $\eta_{ij} = \text{diag}(1,-1,-1,-1)$ für unbeschleunigte Bezugssysteme, sogenannten *Inertialsystemen*. Wechsle ich von einem solchen in ein beschleunigtes Bezugssystem, so muss ich die Basis abändern:

$$ds^2 = \eta_{ij}dx^i dx^j = \eta_{ij}\frac{\partial x^i}{\partial x^{i'}}dx^{i'}\frac{\partial x^j}{\partial x^{j'}}dx^{j'} =: g_{i'j'}dx^{i'}dx^{j'}$$

und das heisst:

$$g_{i'j'} = \eta_{ij}\frac{\partial x^i}{\partial x^{i'}}\frac{\partial x^j}{\partial x^{j'}}$$

und umgekehrt:

$$\eta_{ij} = g_{i'j'}\frac{\partial x^{i'}}{\partial x^i}\frac{\partial x^{j'}}{\partial x^j}$$

Die wichtige Bedeutung ist folgende: *Durch die Wahl geeigneter Koordinaten kann ich immer **lokal** ein Inertialsystem finden!*

5.4 Mannigfaltigkeiten

Ein Raum auf dem eine Metrik definiert ist, nennt man eine Mannigfaltigkeit. Im Falle der ART sind dies i.d.R. *pseudoriemannsche Mannigfaltigkeiten*. Auf einer solchen n-dimensionalen Mannigfaltigkeit M^n ist ein Koordinatensystem (x^i) zu definieren. Im allgemeinen Fall wird es nicht möglich sein ein globales System einzuführen, sondern man muss sich mit lokalen Systemen begnügen, die jeweils nur in einer Umgebung eines Aufpunktes P gültig sind. Diese Umgebungen müssen die Mannigfaltigkeit vollständig bedecken und sich gegenseitig genügend überlappen, damit an jedem Ort (a) Koordinaten definiert sind und (b) diese ineinander umrechenbar sind. Die Umgebungen in denen ein lokal gültiges nicht singuläres Koordinatensystem definiert sind, nennt man Karten, die Summe aller *Karten*, die die Mannigfaltigkeit überdecken, einen *Atlas*. Das ist ganz analog zu der Überdeckung der Erdoberfläche mit Karten in einem Schulatlas: Eine einzige Karte, die den ganzen krummen Erdball (S^2) überdeckt wirst du darin nicht finden. Die bekannte Mercatorprojektion der Erdoberfläche auf ein flaches Blatt (R^2) ist so ein Fall: Sie überdeckt im Idealfall die ganze Erdoberfläche mit Ausnahme der Pole, denn diese sind von einem Punkt zu einer Linie entartet. Die äquatorzentrierte Mercatorprojektion ist an den Polen singulär, denn es gibt dort keine eineindeutige (d.h. bijektive) Zuordnung mehr zwischen Pol(punkt) und Punkten auf der 90 Grad Pollinie der Karte. Eine komplette singularitätsfreie Überdeckung ist aber durch die Vielzahl der Karten im Atlas ohne weiteres möglich, jedoch mit der Einschränkung das jede Karte einen begrenzten Gültigkeitsraum hat. Erst recht gilt diese Einschränkung für beliebig gekrümmte Flächen bzw. Räume.

Daraus ergeben sich die folgenden Forderungen an brauchbare Mannigfaltigkeiten: Sei der Punkt P auf M^n gegeben, dann existiert eine Teilmenge U von M^n die diesen Punkt enthält und eine bijektive Abbildung

$$\Phi : U \to U_\Phi$$

wobei U_Φ eine offene (!) Teilmenge des R^n ist. Die Funktion Φ heisst Kartenabbildung und die Menge U_Φ das Kartenbild von U. Das Paar (U, Φ) bezeichnet man als Karte. Der Punkt P hat die Koordinaten:

$$P_\Phi = \Phi(\mathbf{P})$$

also $\mathbf{P} = (x^1, \ldots, x^n)$ wobei die x^i die reelen Koordinaten des Punktes auf der Karte sind.

Hat man nun eine zweite Karte (V, Ψ), so gilt, genügend Überlappung vorausgesetzt, $P_\Psi = \Psi(\mathbf{P})$ und $\mathbf{P} = (x^{1'}, \ldots, x^{n'})$. Die Umrechenbarkeit fordert dann:

$$P_\Psi = \Psi(\Phi^{-1}(P_\Phi))$$

$$P_\Phi = \Phi(\Psi^{-1}(P_\Psi))$$

d.h. die jeweiligen Umkehrfunktionen müssen existieren. Es soll verlangt werden, dass diese verknüpften Abbildungsfunktionen *glatt* sind, das heisst dass sie beliebig oft differenzierbar bleiben. Ist eine solche Abbildung nur k-fach differenzierbar, so heisst die Mannigfaltigkeit C^k-Mannigfaltigkeit.

Es können Untermannigfaltigkeiten definiert werden, indem man eine oder mehrere Koordinaten festhält und die übrigen variant lässt. Eine Untermannigfaltigkeit

$$y^i = f(x^1, \ldots, x^k)$$

mit $k < n$ ist ein solcher Unterraum, dass heisst seine k Koordinaten (y^k) errechnen sich aus irgendeiner Funktion der k Koordinaten (x^k) des übergeordneten Raumes. Den Unterraum für $k = 1$ nennt man typischerweise eine *Kurve*, den für $k = 2$ eine *Fläche* und den für $k = n - 1$ eine *Hyperfläche*.

Merke dir also als wesentlich für diesen Abschnitt: Eine Raumzeit (M, g) ist eine Mannigfaltigkeiten M, auf denen eine Metrik g definiert ist. Ausserdem sollen die Koordinatenfunktionen die sie überdecken schön gutmütig sein und ineinander umrechnenbar (transformierbar) sein.

Kapitel 6

Die Schwarzschildmetrik

Die Schwarzschildmetrik (SSM) wurde im Jahre 1915 von Karl Schwarzschild, dem Leiter der Potsdamer Sternwarte, während seiner Dienstzeit an der Front hergeleitet. Anfang 1916 wurde diese Arbeit vertretungsweise durch Einstein den Kollegen der Preussischen Akademie der Wissenschaften vorgetragen. Karl Schwarzschild erkrankte jedoch kurze Zeit später an einer Hautkrankheit und verstarb, nur 42 Jahre alt, im Frühjahr 1916. Die Schwarzschildmetrik ist die erste exakte Lösung der Einsteinschen Feldgleichungen und die am häufigsten zitierte Metrik der ART. Dieses Paradebeispiel einer allgemeinrelativistischen Metrik bedarf daher einer eingehenden Diskussion.

6.1 Newtonsche Betrachtungsweise

Die streng mathematische Herleitung der SSM ist relativ anspruchsvoll und erfordert einige Übung im Umgang mit komplizierten nichtlinearen Differentialgleichungen, wie sie die Einsteinschen Feldgleichungen nun mal darstellen. Wenn man weiss, wo die Reise hingeht, lässt sie sich jedoch auch recht einfach und anschaulich aus Newtonschen Überlegungen in Verbindung mit der SRT herleiten. Für die klassischen Überlegungen zur SSM sind einige kleine Rechnungen zur Fluchtgeschwindigkeit eines Körpers (z.B. eine Rakete oder besser ein Geschoss) von einer gegebenen Masse (z.B. die Erde) notwendig.

Die häufig auch *erste kosmische Geschwindigkeit* genannte orbitale Ge-

6.1. NEWTONSCHE BETRACHTUNGSWEISE

schwindigkeit einer Rakete, berechnet sich aus der Gleichheit von zentripetaler und zentrifugaler Kraft:
$$GmM/r^2 = mv^2/r$$
Das ergibt sofort:
$$v_1 = \sqrt{\frac{GM}{r}}$$
Die *zweite kosmische Geschwindigkeit* ist die sogenannte Fluchtgeschwindigkeit, die sich aus der Forderung ergibt, dass sich der Körper beliebig weit von dem Zentralkörper entfernen kann, so dass die Endgeschwindigkeit im Unendlichen (wenigstens) Null ist. Die Bewegungsgleichung für einen Körper m, der auf einer radialen Bahn vom Zentralkörper M wegfliegt (d.h. die Gravitationskraft wirkt in $-r$ Richtung) ist nach Newton:
$$m\ddot{r} = -GmM/r^2 \qquad (6.1)$$
womit wir die DGl
$$\ddot{r}r^2 = -GM = const.$$
erhalten. Diese DGl ist eine nichtlineare DGl und daher an und für sich etwas ungünstig, da für nichtlineare Differentialgleichungen wenig Standardverfahren der Integration existieren. Nicht desto trotz können wir diese einfache nichtlineare DGl durch den Ansatz
$$r^*(t) = at^n$$
lösen. Einsetzen der Probefunktion r^* bringt:
$$a^3 n(n-1)t^{n-2}t^{2n} = -GM$$
Damit auf der linken Seite auch eine Konstante steht, muss $n - 2 + 2n = 0$ gelten, also ist $n = 2/3$. Damit ist dann auch a bestimmt zu $a^3 = 9GM/2$. Die Randbedingungen der Gleichung sind: $r(t=0) = R_0$ und $r(t \to \infty) = \infty$, d.h. das Geschoss verlässt den Zentralkörper von seiner Oberfläche R_0 zum Zeitpunkt $t = 0$ und erreicht in beliebigen Zeiten beliebig grosse Entfernungen. Also ist unsere neue Testfunktion
$$r^*(t) = (a + bt)^{2/3}$$

und einsetzen bringt

$$\ddot{r}^* r^{*2} = -\frac{2}{9}b^2 = -GM$$

sowie

$$r(0) = a^{2/3} = R_0$$

und damit:

$$r(t) = (R_0^{3/2} + \sqrt{9GM/2} \cdot t)^{2/3} \qquad (6.2)$$

Wie wir später beim Thema Kosmologie noch sehen werden, ist diese Newtonsche Bewegungsgleichung $r(t) \propto t^{2/3}$ eng verwandt mit dem Ausdehnungsverhalten der Standardkosmologie, wo der Skalenfaktor ebenfalls mit $a(t) \propto t^{2/3}$ geht. Die Geschwindigkeit ist daher

$$\dot{r} = v(t) = \frac{\sqrt{2GM}}{(R_0^{3/2} + \sqrt{9GM/2} \cdot t)^{1/3}}$$

und die Umkehrfunktion des Ortes $r(t)$ ist

$$t(r) = \frac{r^{3/2} - R_0^{3/2}}{\sqrt{9GM/2}}$$

wie du leicht nachrechnest. Daraus ergibt sich die Geschwindigkeit als Funktion des Ortes zu

$$v(r) = \sqrt{2GM/r}$$

in positiver r-Richtung wie du ebenfalls durch einsetzten sofort findest.

Einfacher lassen sich im allgemeinen Gleichungen vom Typ (6.1) mit dem sogenannten *Energietrick* integrieren. Diese DGL ist nämlich vom Typ

$$\ddot{x} = f(x)$$

und es sei nun $F(x) = \int f(x)dx$ die Stammfunktion von f. Damit gilt nun wegen der Kettenregel $dg(x(t))/dt = dg/dx \cdot dx/dt$ die Formel:

$$\frac{d}{dt}\left(\frac{\dot{x}^2}{2} - F(x)\right) = (\ddot{x} - f(x))\dot{x}$$

6.1. NEWTONSCHE BETRACHTUNGSWEISE

Wegen der Voraussetzung $\ddot{x} = f(x)$ verschwindet die rechte Seite identisch. Also gilt für den Klammerterm auf der linken Seite

$$\frac{\dot{x}^2}{2} - F(x) = const_t$$

dass er eine Konstante bezüglich der Zeit ist. Dies ist das sogenannte Energieintegral, denn wir wir leicht sehen gilt wegen $\ddot{r} = GM/r^2$ die Gleichung

$$\dot{r}^2/2 - GM/r = const_t$$

wobei der erste Term (bis auf die Konstante m) die kinetische Energie T und der zweite Term die potentielle Energie V ist. Diese DGl ist nun bezüglich der Geschwindigkeit $v = \dot{r}$ leicht lösbar:

$$v^2 = 2GM/r + const_t$$

Die Randbedingungen sind $v(r = R_0) = v_2$ die Fluchtgeschwindigkeit mit $v(r \to \infty) = 0$, so dass

$$v^2(r = R_0) = 2GM/R_0 + const_t = v_2^2$$

gelten muss, so dass

$$v^2(r) = 2GM/r + v_2^2 - 2GM/R_0$$

gilt. Somit ist die zweite kosmische Geschwindigkeit gegeben durch $v^2(r \to \infty) = v_2^2 - 2GM/R_0 = 0$ oder:

$$v_2 = \sqrt{\frac{2GM}{R_0}}$$

Nun kannst du dass Problem natürlich noch aus der umgekehrten Richtung aufziehen: lege den Beginn der Bewegung ins Unendliche und lasse den Körper, mit Anfangsgeschwindigkeit Null, in Richtung (die $-r$-Richtung) der Zentralmasse frei fallen, d.h. $v_0 = 0 = v(r \to \infty) = const_t$ und damit

$$v(r) = -\sqrt{\frac{2GM}{r}}$$

d.h. die freie Fallgeschwindigkeit aus dem Unendlichen in Richtung auf ein Massenzentrum ist an *jedem* Orte r immer gleich der Fluchtgeschwindigkeit eines Objektes für eine isotrope Massenverteilung genau dieses Radius' r. Eine solche isotrope Verteilung kann auch durch eine punktförmige Massenladung am Orte $r = 0$ ersetzt werden. Wie du leicht siehst, erreicht diese Geschwindigkeit für den Radius

$$r_S = \frac{2GM}{c^2}$$

die Lichtgeschwindigkeit. Dieser Radius ist der sogenannte Schwarzschildradius an dem, sofern man die Lichtgeschwindigkeit c als eine maximale Grenzgeschwindigkeit akzeptiert, diese Beschreibung ihr vorläufiges Ende erreicht. Unterhalb dieser Strecke r_S würde die Geschwindigkeit relativ zum Beobachter bei $r \to \infty$ unphysikalisch grösser c werden, was wie wir wissen nicht möglich ist, jedoch werden von diesem Beobachter Effekte gesehen, die wir aus der SRT kennen: Längen erscheinen dem Beobachter um den Faktor $\sqrt{1 - v^2/c^2}$ verkürzt und Zeiten werden um dem Faktor $1/\sqrt{1 - v^2/c^2}$ gedehnt gesehen. D.h. ein Objekt dass sich r_S nähert wird schliesslich beliebig verkürzt wahrgenommen und die Bewegung des Objektes scheint am Schwarzschildhorizont zum erliegen zu kommen, so als würde das Objekt am Horizont einfrieren. Ein Lichtquant mit der Energie $E = h\nu$ würde mit einer Frequenz $\nu \to 0$ gesehen, dass heisst es wird schwarz. Daher die Bezeichnung für dass Gebiet, dass durch den Schwarzschildhorizont definiert ist, als *frozen star* oder *black hole*.

6.2 Relativistische Betrachtungsweise

Wie sieht nun die korrekte Metrik im Rahmen der ART aus? Dazu betrachten wir zwei Bezugsyteme, eines (t, r) dass relativ zum Massenzentrum ruht und ein zweites (t', r') das sich freifallend auf das Massenzentrum zubewegt. Lokal sind dass jeweils flache Minkowskimetriken:

$$\begin{aligned} ds^2 &= dt^2 - d\mathbf{r}^2 \\ ds^2 = ds'^2 &= dt'^2 - d\mathbf{r}'^2 \end{aligned}$$

bzw. in Kugelkoordinaten $ds^2 = dt^2 - dr^2 - r^2 d\Omega^2$ mit $d\Omega^2 = \sin^2\theta d\phi^2 + d\theta^2$. Der Term $r^2 d\Omega^2$ beschreibt den Anteil der Metrik in den Winkelkoordinaten

6.2. RELATIVISTISCHE BETRACHTUNGSWEISE

θ, ϕ welcher aber aufgrund der völligen Kugelsymmetrie lediglich einen konstanten Raumwinkelanteil beschreibt, den ich mit $\omega^2 := r^2 d\Omega^2$ abkürze. An jedem der Orte (t, r) rauscht nun das freifallende Objekt mit lokalem Bezugssystem (t', x') vorbei, dass im Moment der Koinzidenz der beiden Bezugssysteme die lokale Minkowskimetrik

$$ds'^2 = dt'^2 - dr'^2 - \omega'^2$$

besitzt. Wie wir wissen gilt nach (1.19) der SRT $dt = 1/\sqrt{1-v^2/c^2} \cdot dt'$ und $dr = \sqrt{1-v^2/c^2} \cdot dr'$ also

$$ds'^2 = (1 - v^2/c^2)dt^2 - 1/(1-v^2/c^2)dr^2 - \omega^2 = ds^2$$

wobei die Konstanz von ds unter Koordinatentrafos ausgenutzt wurde. Mit der Geschwindigkeit $v^2 = 2GM/r$ gilt daher

$$ds^2 = (1 - \frac{2GM}{rc^2})dt^2 - (1 - \frac{2GM}{rc^2})^{-1}dr^2 - \omega^2$$

und mit der in der ART üblichen Konvention der 'god given units' $c = 1 = G$ ergibt sich

$$ds^2 = \left(1 - \frac{2M}{r}\right) dt^2 - \left(\frac{1}{1 - \frac{2M}{r}}\right) dr^2 - r^2 d\Omega^2 \quad (6.3)$$

die sogenannte Schwarzschildmetrik in der üblichen Notation für einen im Unendlichen gegenüber dem Massenzentrum ruhenden Beobachter.

Was bedeutet diese Metrik in der Praxis? Angenommen ich bin der Beobachter im Unendlichen und schaue auf ein Objekt, dass sich freifallend und radial[1] auf das Massenzentrum zubewegt. Nun messe ich aus meinem Bezugssystem die scheinbaren Längen dt und dr. Um daraus die tatsächliche Länge der Weltlinie im Bezugssystem des Objektes $ds' = ds$ zu bestimmen, muss ich dt und dr mit Korrekturfaktoren $a^2 := (1 - 2M/r)$ belegen. In ggu-Einheiten beträgt der Schwarzschildradius $r_S = 2M$. Nehmen wir nun zum Beispiel ein freifallendes Objekt in der Entfernung $r = \frac{8}{3}M > r_S$, dann sind die Korrekturfaktoren 1/4 und 4 bzw. die Wurzel 1/2 und 2. Dies bedeutet das ich die gemessenen Zeiten dt halbieren und die gemessenen Entfernungen dr verdoppeln muss, um die korrekte Länge der Weltlinie $ds'^2 = dt'^2 - dr'^2 = a^2 dt^2 - a^{-2} dr^2 = ds^2$ zu erhalten.

---
[1] Bei radialer Bewegung ist $r^2 d\Omega^2 = 0$, da dann $d\phi = d\theta = 0$ ist.

6.2.1 Die Krümmung der SSM

Nach der im Abschnitt Tensoralgebra gezeigten Methode lässt sich nun relativ leicht der Riccitensor und der Krümmungsskalar für die SSM bestimmen. Die einzelnen Schritte gehe ich hier recht flott durch. Zur Übung solltest du sie aber ruhig einmal nachrechnen. Der Energieimpulstensor und der Metriktensor sind wie wir gezeigt haben

$$T_{ik} = \mathrm{diag}(\rho c^2, 0, 0, 0)$$

$$g_{ik} = \mathrm{diag}(1 - 2U/c^2, -1/(1 - 2U/c^2), -r^2 \sin^2\theta, -r^2)$$

und damit

$$g^{ik} = \mathrm{diag}(1/(1 - 2U/c^2), -(1 - 2U/c^2), -1/(r^2 \sin^2\theta), -1/r^2)$$

wobei du beachten musst, dass die Inverse einer Diagonalmatrix einfach durch die Kehrwerte der Diagonalelemente zu bilden ist. Weiterhin habe ich die Geschwindigkeit $v^2 = 2GM/r = 2|\pm U|$ mit dem Betrag des Potentials $\pm U = \mp GM/r$ eingesetzt. Damit kannst du nach der bekannten Methode den Riccitensor

$$R_{ik} = -\frac{\kappa \rho c^2}{2} \mathrm{diag}\left(1, \frac{1}{(1 - 2U/c^2)^2}, \frac{r^2 \sin^2\theta}{1 - 2U/c^2}, \frac{r^2}{1 - 2U/c^2}\right)$$

und den Krümmungsskalar durch überschieben mit der inversen Metrik

$$R = \frac{8\pi G \rho}{c^2 - 2U}$$

berechnen. Diesen können wir durch einsetzen[2] mit $U_+ = -GM/r$ und $\rho = M/Vol. = M/(\frac{4}{3}\pi r^3)$ auswerten:

$$R(r) = \frac{6GM}{(c^2 r + 2GM)r^2} \tag{6.4}$$

---

[2]Du kannst auch den Wert $U_- = +GM/r$ einsetzen. Dann ergibt die Rechnung eine Singularität am SSH und einen Vorzeichenwechsel zu negativer Krümmung. Diese Lösung ist aber physikalisch nicht sinnvoll, da aufgrund der Kugelsymmetrie kein Grund für einen solchen Wechsel vorliegt. Diese Lösung repräsentiert lediglich die Koordinatensingularität am SSH die keine echte physikalische Singularität ist.

und
$$R(r_{SS}) = \frac{3c^4}{8G^2M^2} \quad (6.5)$$

Die Krümmung ist also überall im Raum definiert, ausser im Ursprung wo sie gegen unendlich geht; am Schwarzschildradius selbst bleibt sie jedoch endlich. Du kannst den Wert $R(r_{SS})$ hier einmal mit dem Wert der kritischen Dichte eines SL's (6.6) vergleichen, demnach ist $R(r_{SS}) = \frac{4\pi G \rho_{SS}}{c^2} = \frac{U}{c^2}$, d.h. die Krümmung am SSH entspricht jeweils gerade dem Potential der Quellenmasse.

6.3 Gibt es schwarze Löcher?

Die Schwarzschildmetrik in der Form (6.3) ist die einfachste exakte Lösung der Feldgleichungen und auch die am stärksten idealisierte Metrik der ART. Deshalb wird sie gerne herangezogen um allfällige Probleme der ART zu referieren. Aber, Vorsicht ist angebracht! Aus mangelndem Verständnis der Theorie kommen insbesondere in der Trivialliteratur häufig nicht mehr aus den Köpfen zu entfernende Falschaussagen zustande, wozu solche Phrasen wie '...die Zeit bleibt in einem schwarzen Loch (SL) stehen...' oder '...alles in der Umgebung von einem SL wird aufgesogen, verschlungen und zerissen...' und dergleichen Unfug zählen. Betrachten wir also die SSM etwas genauer wobei zu bedenken ist:

1. Diese Metrik ist stark idealisiert, d.h. es ist die Metrik eines Massenpunktes, nichtrotierend, elektrisch ungeladen, zeitlich konstant und kugelsymmetrisch. Die rauhe Realität des Universums mag anders aussehen.

2. Eigentlich handelt es sich garnicht um die Schwarzschildmetrik (SSM) die historisch zuerst durch Karl Schwarzschild 1916 vorgelegt wurde, sondern um einen weiter vereinfachten Spezialfall der SSM nach Droste und Weyl aus dem Jahre 1917.

3. Und es gibt alternative Metriken für Massenpunkte.

6.3.1 Die SSM im Aussenraum

Betrachten wir zunächst mal die SSM (6.3). Für $r = 2M$ wird der Vorfaktor $a^2 = 1 - 2M/r$ Null und daher $1/a^2 \to \infty$. Dies ist die sogenannte *kinematische*

Singularität der SSM am Schwarzschildhorizont (SSH) $r_S = 2M$. Diese ist eine unechte Singularität, da sie durch entsprechende Koordinatentransformationen aufgehoben werden kann. Eine mögliche Trafo ist z.B.:

$$r = \left(1 + \frac{M}{2\bar{r}}\right)^2 \bar{r}$$

mit der zur SSM isotropen Metrik

$$ds^2 = \left(\frac{1 - \frac{M}{2\bar{r}}}{1 + \frac{M}{2\bar{r}}}\right)^2 dt^2 - \left(1 + \frac{M}{2\bar{r}}\right)^4 (d\bar{r}^2 + \bar{r}^2 d\Omega^2)$$

Ausserdem weist du sowieso, dass der freifallende Beobachter (ffB) in seiner lokalen Metrik $ds'^2 = dt'^2 - d\mathbf{r}'^2$ natürlich gar keine Singularität besitzt. Insbesondere bedeutet dies, dass der ffB beim Überschreiten des SSH lokal nichts besonderes wahrnimmt, sofern man sich auf eine kleine Umgebung eines ffB beschränkt. Im Klartext: Der ffB spürt beim (radialen) Überschreiten des SSH nichts besonderes sofern er punktförmig ist. Hat er jedoch eine gewisse räumliche Ausdehnung, so erfährt er einen Feldgradienten, der dadurch entsteht dass bei einem ausgedehnten Körper der dem Massenzentrum näher stehende Teil eine grössere Anziehungskraft erfährt als der entferntere Teil des Körpers: $GmM/r_1^2 > GmM/r_2^2$ für $r_2 > r_1$ gilt ja schon trivialerweise in der Newtonschen Mechanik. Für kleine schwarze Löcher (man rechne sich dass zur Übung für ein stellares Loch von nur einer Sonnenmasse aus) kann nun dieser Gradient extrem hoch werden, so dass ein sich näherndes Objekt schon weit vor dem SSH durch diese Gezeitenkräfte zerrissen werden kann. Bei sehr grossen SL's dagegen sind diese Gezeitenkräfte auch nicht grösser als für den auf der Erdoberfläche stehenden Menschen, dessen Füsse aufgrund der Erdnähe ja auch eine höhere Beschleunigung erfahren als sein Kopf.

Weiter besteht häufig dass Missverständnis, ein SL sauge durch seine gewaltige Gravitation alles in weiter Umgebung auf und verschlinge gewissermassen irgendwann das ganze Universum. Dem ist natürlich nicht so. Stürzt z.B. ein Stern mit Radius $R_{St} \gg r_S$ aufgrund eines gravitativen Kollaps zu einem SL zusammen, so ändert sich in seinem Feld für $r \geq R_{St}$ überhaupt nichts, wie wir aus den vorangegangenen Überlegungen ersehen können. Ein lokal stärkeres Feld liegt nur für $r < R_{St}$ vor, d.h. nur Materie deren Bewegung den früheren Sternradius unterschreitet erfährt eventuell etwas neues. Fiele also unsere Sonne sang und klanglos[3] zu einem SL zusammen, so würdest du auf der Erde nichts weiter bemerken, als dass Licht und Heizung ausfiele, aber an unserer stetigen Bahn um das Massenzentrum würde sich garnichts ändern.

6.3.2 Die SSM im Innenraum

Eine weitere Singularität taucht nun wegen $2M/r \to \infty$ für $r = 0$ auf, genau wie in der Newtonschen Mechanik auch. Diese Singularität ist aber eine echte, auch die *dynamische Singularität* der SSM genannt, und lässt sich nicht durch eine Koordinatentrafo entfernen. Mathematisch liegt dass daran, dass die Krümmung an dieser Stelle jede Grenze überschreitet während an der kinematischen Singularität die Krümmung endlich bleibt. Oder anders ausgedrückt: Bei jedem Punkt $r > 0$ finde ich eine offene Umgebung in der ich noch eine Minkowskimetrik unterbringen kann die sich lokal an die globale Metrik anschmiegt (Tangentialebene), im Zentrum ist dies jedoch nicht mehr möglich weil diese Umgebung auf Null zusammenschrumpft.

Betrachten wir nochmal die Vorfaktoren $A := a^2$ und $B := -1/a^2$ in der SSM $ds^2 = Adt^2 + Bdr^2$. Im Aussenraum R_A mit $r \in [\infty, r_S]$ geht A von $1 \to 0$ und B von $-1 \to -\infty$. Im Innenraum R_I mit $r \in [r_S, 0]$ dagegen geht A von $-0 \to -\infty$ und B von $\infty \to 0$. Für $r < r_S$ kann man also

$$ds^2 = \left(\frac{1}{\frac{2M}{r} - 1}\right) dr^2 - \left(\frac{2M}{r} - 1\right) dt^2$$

schreiben. Die Koeffizienten A, B vertauschen ihr Vorzeichen und damit tauschen scheinbar Zeit t und Weg r ihre Rolle in der Metrik, jeweils aber aus der Sicht des entfernt ruhenden Beobachters betrachtet!

Zur Verdeutlichung kann man eine Abbildung der Raumkoordinate r auf eine neue Raumkoordinate $\bar{r}$ vornehmen mit

$$\bar{r} = r_S \exp(-\frac{1}{r - r_S})$$

---

[3]In der Praxis fällt ein Stern aber unter dem Todesschrei einer Supernova zusammen wozu eine etwas höhere Masse, ca. 3 oder mehr Sonnenmassen notwendig sind. Der Energieausbruch der damit verbunden ist würde den Planeten der näheren Umgebung jedoch übel mitspielen.

wobei $\bar{r}(\infty) = r_S$ und $\bar{r}(r_S) = 0$ gilt. Damit können wir für den Innenraum aus Sicht des ruhenden Beobachters schreiben:

$$ds^2 = \left(\frac{1}{1 - \frac{2M}{\bar{r}}}\right) dt^{*2} - \left(1 - \frac{2M}{\bar{r}}\right) dr^{*2}$$

mit der Bedeutungs-Trafo $dr \to dt^*$ und $dt \to dr^*$. Dass ist aber genau die Metrik, unter der ein ffB den entfernt ruhenden Beobachter im Unendlichen sieht, wie du aus der Umkehrung der Überlegungen zur Herleitung der SSM (6.3) siehst. Im Klartext: Der aussenstehende Beobachter 'sieht' im innern des schwarzen Lochs einen Beobachter, der den SSH als sein Unendlich wahrnimmt. Im Prinzip sieht er ein Spiegelbild seiner eigenen Welt! Denkt man sich also nun wieder einen ruhenden Beobachter am inneren Schwarzschildradius, so sähe dieser wiederum eine gleichlautende Metrik

$$ds''^2 = a^2 dt''^2 - a^{-2} dr''^2$$

bezüglich eines Massenpunktes, der wiederum einen Schwarzschildradius hätte, an dem sich seine Welt wiederum spiegelt, so ähnlich wie eine russische Puppe in der Puppe in der Puppe in der Puppe... oder eben wie ein Spiegelkabinett auf der Kirmes wo in Wirklichkeit nur eine Puppe da ist, die sich ewig wiederholt.

Das Wort 'sieht' steht hier aber in Anführungszeichen, da der im Unendlichen ruhende Beobachter nämlich in Wirklichkeit *garnichts* sieht, da ihn wegen der Grenzgeschwindigkeit c ja keinerlei Information aus dem Innenraum erreichen kann. Jede Interpretation der Innenraumlösung ist gewissermassen ein rumstochern im virtuellen Raum.

6.3.3 Alice

Kann man ins Innere eines SL fliegen? Das kommt auf die Grösse des SL's an. Bei kleinen stellaren SL's treten mächtige Gezeitenkräfte auf, die einen Astronauten frühzeitig zermalmen würden. Wie gross muss nun ein SL mindestens sein, damit ein/e Astronaut/in den SSH überschreiten kann, ohne Schaden zunehmen. Nehmen wir ein Versuchskanninchen von $r_x = 2$m Länge. Die Differenz der Kräfte, die in der Nähe des SSH auftreten ist

$$F_U - F_O = GmM/r_S^2 - GmM/(r_S + r_x)^2 \leq \Delta F = mg_E$$

6.3. GIBT ES SCHWARZE LÖCHER?

wobei die Kraftdifferenz ΔF zwischen der oben F_O und unten F_U angreifenden Kraft nicht grösser sein soll, als die Kraft die dem Gewicht unseres Körpers auf der Erdoberfläche mg_E entspricht. Setzt man hier den bekannten Wert für den Schwarzschildradius ein und berücksichtigt noch, dass $(r_S + r_x)^2 = r_S^2 + 2r_S r_x + r_x^2 \approx r_S^2 + 2r_S r_x$ wegen $r_S \gg r_x$ für grössere SL's, so ergibt sich $M \geq \sqrt{r_x/g_E} c^3 / 2G \approx 89055 M_\odot$ mit der Sonnenmasse $M_\odot = 2 \cdot 10^{30}$kg. Wegen $r_x/g_E \approx 2m/(10m/sec^2)$ ist der Vorfaktor von der Grössenordnung 1 Sekunde und man kann sagen, dass die Masse des SL

$$M_S \approx \frac{c^3}{2G} \cdot sec \approx 0.45 \cdot 10^6 M_\odot$$

die Grössenordnung von einer Million Sonnenmassen oder mehr haben sollte, um für Menschen ein bequemes Überschreiten des Horizontes zu ermöglichen.

Nun sind SL's von mehr als einer Million Sonnenmasse nicht unbedingt an jeder nächsten Ecke des Weltalls anzutreffen und man sollte meinen, dass man ein solches Loch nicht so schnell zu sehen bekäme. Wie gross ist nun aber die kritische Dichte eines SL's, d.h. welche durchschnittliche Dichte brauche ich um einen Raumbereich zu einem SL zu machen? Die Masse eines kugelförmigen Raumvolumens ist $M = \frac{4}{3}\pi r^3 \rho$ und mit $r = r_S = 2GM/c^2$ ergibt sich also

$$\rho_S = \frac{3c^6}{32\pi G^3 M^2} \quad (6.6)$$

für die kritische Dichte. Dies bedeutet, dass die kritische Dichte $\rho \propto M^{-2}$ umso geringer ist, je höher die Masse des SL's ist. Das für uns sichtbare All hat eine geschätzte Anzahl von ca. 10^{23} Sternen und eine Ausdehnung von geschätzen 10^{26}m. Setzt man nun für M einmal die geschätzte Masse des sichtbaren Universums von etwa $10^{23} M_\odot$ plus eventuelle dunkle Anteile ein, was ca. 10^{53} bis 10^{54}kg entspricht, so erhält man einen Wert für ρ_S der sehr nahe an der kritischen Dichte des Weltalls ist und auch einen Weltradius nahe dem Schwarzschildradius. In einem schwarzen Loch der Dichte und Grösse unserer Welt lässt sich also ganz gut leben, ob unser All tatsächlich[4] auch ein SL ist, muss sich jedoch noch zeigen: Die Gesamtmasse ist in der Schwarzschildmetrik nämlich in einem singulären Punkt vereinigt, in unserem Universum dagegen ist sie homogen und isotrop, also gleichmässig, verteilt. Für unser

---
[4]Einer der bekannteren Protagonisten dieser Theorie ist Smolin.

Universum ist daher eine andere Metrik zuständig, die *Friedman-Robertson-Walker (FRW) Metrik*. Auf diese Metrik werden wir im Kapitel Kosmologie noch zurückkommen. Aber, die SSM verlangt für ihre Auswertung am Ort r lediglich, dass die Masse isotrop in $R < r$ verteilt ist, d.h. eine FRW, Stabilität vorrausgesetzt, lässt sich nahtlos anschliessen.

Nehmen wir nun an, wir sitzen mit unserer Freundin Alice, die natürlich ihre getigerte Katze auf der Schulter trägt, im Restaurant am Ende des Universums und geniessen gerade einen Milchkaffee. Das Restaurant, ausgestattet mit dem unwahrscheinlichen Unwahrscheinlichkeitsdrive sitzt fest im Unendlichen und wir schubsen jetzt Alice, die daran interessiert ist wie es im Innern eines SL's aussieht, mit ihrer Katze in Richtung eines riesigen Schwarzen Loches. Alice schaut interessiert in Richtung des SL's während die Katze grinsend auf den zurückgebliebenen Milchkaffee schielt. Von unserem gemütlichen Platz aus sehen wir nun wie sich Alice dem SL nähert und während dessen unternehmen wir Messungen von Zeit und Raumkoordinaten an Alice. Dabei werden wir feststellen, dass mit zunehmender Entfernung und Relativgeschwindigkeit die scheinbare radiale Ausdehnung von Alice immer weiter abnimmt während gleichzeitig Alices' Bewegungsabläufe immer langsamer zu werden scheinen. Beim erreichen des SSH schliesslich ist Alice für uns zu einer absolut platten Flunder zusammengeschrumpft deren Bewegung am SSH zum erliegen kommt. Auch nach unendlicher Zeit erscheint das Grinsen der zurückblickenden Katze am Horizont eingefroren.

Nun aber ist Alice während ihres Abstiegs ganz heiss darauf, hinter den Horizont des SL's zu blicken, um dann wie erhofft einen freien Blick auf die dort verborgene ominöse Singularität zu erhaschen. Aber ich fürchte, Alice wird enttäuscht sein. Denn was sieht Alice? Im Gegensatz zu uns im Restaurant rutsch Alice immer tiefer in den $V(r) = -GM/r$ Potentialtopf hinein. Ihr Sichtbarkeitshorizont ist also aus der Bedingung

$$v(r_1) - v(r) \leq c$$

abzulesen, nach einer kleinen Algebra mit $v = \sqrt{2GM/r}$ ergibt sich:

$$r_1 \geq \frac{2GM}{\left(c + \sqrt{\frac{2GM}{r}}\right)^2}$$

6.3. GIBT ES SCHWARZE LÖCHER?

Wie du leicht siehst gilt

$$0 < r_1 < r_S \qquad r \in]0, \infty[$$

d.h. Alice kann zwar mit zunehmder Fallgeschwindigkeit immer weiter hinter den SSH des unbeschleunigten Beobachters schauen, aber niemals bis auf die Singularität bei $r = 0$! Beim Überschreiten des SSH bei $r = r_S = 2GM/c^2$ gilt nämlich

$$r_1(r_S) = 2GM/4c^2 = \frac{1}{4} r_S$$

Aus der Sicht von Alice weicht der SSH r_1 des ffB ständig vor ihr zurück, das SL wird immer kleiner und schirmt weiterhin eifersüchtig den Blick auf die verborgene Singularität ab. Wie man sagt, die Singularität wird niemals 'nackt', d.h. $r_1 = 0$ gilt erst für $r = 0$. Den ungehinderten Blick auf die Singularität wird Alice also auch in ihrem Inertialsystem niemals erleben, denn schon vor dem Erreichen des ominösen Punktes wird sie von den zwangsläufig immer stärker werdenden Gezeitenkräften aufgerieben.

Was aber sieht gleichzeitig die radial auswärts schauende Katze? Für Strahlung und Teilchen die radial aus dem Unendlichen auf sie einfallen gibt es natürlich nie einen Grund nicht weiter in die Tiefe des Potentialtopfes zufallen, aber die Teilchen die seitlich vom Radius einfallen unterliegen einer zunehmenden Aberration (Ablenkung). Diese Aberration kommt dadurch zustande, dass der zum Radius senkrechte Geschwindigkeitsanteil zunehmende in Richtung des Massenzentrums gebogen wird. Die Katze sieht also wie sich der Himmel rund um unser Restaurant immer weiter zusammenzieht, bis er beim Erreichen des Ortes r_S endlich auf einen singulären Punkt zusammengeschrumpft ist. Die Welt ausserhalb des SL's ist nunmehr ihrer direkten Beobachtung entzogen. Alice und ihre Katze werden feststellen müssen, dass die Türe unwiederbringlich hinter ihnen zugeschlagen wurde während der erhoffte Blick auf die Singularität garnicht möglich ist. Falls der liebe Gott es also nicht vorgezogen hatte in dem SL zwischenzeitlich eine FRW-Metrik zu etablieren, so werden sie ihre unerfüllte Neugier mit dem Leben bezahlen müssen.

6.3.4 Back to the roots...

Desweiteren musst du bedenken, dass die SSM mathematisch verlässlich nur aus der strengen Berechnung unter Verwendung der Einsteinschen Feldgleichungen hergeleitet werden kann. Dazu verwendet man im wesentlichen Überlegungen zur Symmetrie und Invarianz der gesuchten Metrik und rechnet dann die allgemeinste mögliche Metrik unter Beachtung der Feldgleichungen aus. Das ist etwas mühseliger als der hier gezeigte Weg, ist aber sehr lehrreich. Insbesondere sieht man, dass die ursprünglich durch Schwarzschild hergeleitete, allgemeinste SSM, wie folgt aussieht:

$$ds^2 = (1 - \alpha/f)dt^2 - (1 - \alpha/f)^{-1}f'^2 dr^2 - f^2 d\Omega^2$$

mit

$$f = (r^3 + \alpha^3)^{1/3}$$

Wie du siehst ist für ein endliches $\alpha > 0$ diese Metrik garnicht singulär! Allerdings führen weitergehende Überlegungen[5] zu der Auffassung, dass es in der Kontinuumsmechanik keinen Grund gibt, dass die Konstante α nicht Null sein sollte. Dies rührt u.a. daher, dass eine Metrik lokal immer flach sein muss (lokales Inertialsystem), was sich z.B. an der Forderung festmachen lässt, dass der Umfang eines Kreises lokal immer gegen $2\pi r$ gehen sollte. Für $r \to 0$ geht der Umfang bei letzterer Metrik aber gegen die Konstante $2\pi\alpha$ statt gegen Null[6]. Setzt man $\alpha = 0$ so geht diese Metrik in die übliche SSM (6.3) über. Daher ist diese Metrik eigentlich die Droste-Weyl-Metrik von 1917.

Im Rahmen einer Quantendynamik der ART kann man sich natürlich die Frage stellen, ob nicht doch ein geringfügig von Null verschiedenes α sinnvoll wäre. In einer neueren Arbeit[7] wird sogar eine Metrik aufgestellt, die völlig singularitätenfrei ist und ebenfalls eine der SSM-Problematik angepasste Metrik liefert unter Berücksichtigung neuerer quantenmechanischer Überlegungen.

6.3.5 Stellare und sonstige Schwarze Löcher

Es stellt sich nun die Frage, inwiefern SL's in der Realität unserer Welt auftauchen. Wie wir wissen ist die kritische Dichte $\rho_S \propto 1/M^2$ umgekehrt proportional zum Quadrat der Masse und der kritische Radius $r_S \propto M$ proportional der Masse, d.h. theoretisch können superdichte, sehr leichte und winzige SL's

---

[5] L.S.Abrams, Phys. Rev. D **20**, 2474, 1979
[6] Ausrechnen durch $r, t, \theta = const.$ und Integration über ϕ des Winkelanteils der Metrik
[7] Mazur (Univ. of Carolina), Mottola (Los Alamos National Lab.): Gravitational Condensate Stars, gr-qc/0109035, 2001

6.3. GIBT ES SCHWARZE LÖCHER?

genauso vorkommen wie solche von verschwindend geringer Dichte, die aber riesig und schwer sind. Mögliche Regime[8] der SLs sind

- winzige quantenmechanische SL's im Bereich der Elementarteilchen
- stellare SL's als Überreste ausgebrannter Sterne
- grosse SL's als Galaktische Kerne
- Universen

Da prinzipiell SL's in allen Grössenskalen vorkommen könnten, muss man sich also fragen, wann und wie sie denn enstehen sollten. Aus der Plausibilität solcher Überlegungen kannst du dann schliessen, ob sich die Suche nach ihnen lohnt.

Um die Diskussion der SSM nicht zu lang werden zulassen, will ich diese Regime nur kurz andeuten. Quantenmechanische SL's ergeben sich schon aus folgender, einfacher Überlegung: Die Comptonwellenlänge eines Teilchens der Masse m ist $\lambda = \hbar/mc$. Ist die Energie bzw. Masse $m = E/c^2$ gross genug, so wird die Wellenlänge sehr klein und geht schliesslich gegen $\lambda = \hbar/mc = r_S = 2Gm/c^2$ oder nach Umstellen und ignorieren des geringwertigen Faktors 2 ergibt sich für die sogenannte Plankmasse der Wert $m_{pl} = \sqrt{c\hbar/G} \approx 10^{-8}$kg. In extrem heissen Strahlungsfeldern, wie z.B. im Bereich des Urknalls, könnten also sehr kleine SL's, sogenannte primordiale black holes enstanden sein. Insbesondere sehr kleine SL's unterliegen aber einem starken Energieverlust durch die Hawkingstrahlung[9] was heute zu einer seltenen aber explosionsartigen Vernichtung dieser Teilchen führen würde. Beobachtet wurden solche Ereignisse bislang noch nicht.

Stellare SL können entstehen, wenn ein Stern am Ende seines Lebenszyklus den inneren Druck auf Grund zu Ende gehender Kernprozesse verliert. Dann ist die grosse aber dünne Masse des Sterns dem Gravitationsdruck hilflos ausgeliefert. Die mit dem Ausbrennen des Sterns und dem anschliessenden gravitativen Kollaps verbundenen Prozesse sind sehr komplex. Aus der theoretischen Analyse (Stichwort: *Tolman-Oppenheimer-Volkoff-Gleichung* oder einfach *TOV-*

---

[8]Die Feldleichungen $G = -\kappa T$ sind völlig skalenunabhängig. In G geht nur die reine Geometrie ein und in T steckt nur die Dichte (Masse/Volumen).

[9]Diese entsteht durch Quantenfluktuationen in der Nähe des SSH. Dieser Themenbereich soll hier nicht näher beleuchtet werden.

Lösung) der möglichen Prozesse kann man herleiten, dass bei genügend grossen Sternen von einigen Sonnenmassen schliesslich keine inneratomaren Kräfte mehr möglich sind, die gross genug wären um ein Kollabieren des Sterns unterhalb des Schwarzschildradius' aufzuhalten. Ein solcher schwarzer Stern macht sich u.a. durch seine Gravitationswirkung auf benachbarte Begleiter bemerkbar. Zu bedenken ist dabei allerdings auch, dass der kollabierende Stern seinen Drehimpuls und eventuell seine elektrische Gesamtladung $\neq 0$ mit in den Tod nimmt. Dann rotiert eventuell dort ein elektrisch geladenes SL hart am maximalen Limit (Drehgeschwindigkeit=c am Horizont) für dessen Beschreibung eine ganz andere Metrik, die *Kerr-Newman-Metrik* notwendig ist. Die Existenz solcher stellaren SL gilt nach heutiger Auffassung als ziemlich gesichert.

In den Zentren von Galaxien ist die Sterndichte sehr hoch und obendrein sind die Sternpopulationen auch sehr alt. Hier können in der Geschichte der Galaxien sehr grosse SL von vielen Millionen oder Milliarden Sonnenmassen entstanden sein. In manchen Galaxien kann man sogenannte aktive Kerne (AGN = active galactic nucleus) beobachten, die durch den Einfall und damit verbundener Aufheizung[10] von Materie in diese Löcher erklärt werden können. Auch diese SL gelten heute als ziemlich sicher.

Schliesslich könnte es viele Universen wie das unsere geben, die jeweils als eine Art schwarzer Löcher interpretiert werden könnten. Diese Auffassung[11] befindet sich im Stadium wissenschaftlicher Spekulationen. Eine uralte Spekulation, die auf P.A.M. Dirac (1937) zurückgeht, sei in diesem Zusammenhang kurz angerissen: die sogenannte Large Numbers Hypothesis (LNH) oder 'large number coincidences'. Diese 'Übereinstimmung der grossen Zahl' ist die auffällige Tatsache, dass kosmologische und quantenmechanische Grössenskalen i.d.R. in Vielfachen der grossen Zahl $N \approx 10^{40}$ bzw. einfache Potenzen dieser Zahl auftauchen. So ist das Verhältnis der Grösse des Protons $\approx 10^{-15}m$ zum Radius des Universums $\approx 10^{26}$m etwa von der Grössenordnung $\approx N$. Man kann z.B. die Massenskala

$$M(n) = \frac{c^3}{H_0 G N^n}$$

---

[10]Dabei fällt die Materie nicht einfach radial ins SL sondern in einem beliebigen schrägen Winkel in ein i.a. schnell rotierendes SL. Die Folge ist die Ausbildung einer sogenannten Akkretionsscheibe um das SL, die eine charakteristische Strahlung aussendet.

[11]siehe z.B. Smolin oder auch Genreith gr-qc/9909009.

aufstellen (H_0 ist die Hubblekonstante). Trägt man die typischen Massen M der in der Natur vorkommenden Entitäten vom Elementarteilchen über die Zelle, den Menschen, Galaxien usw. bis zur vermuteten Masse des sichtbaren Alls gegen n auf, so sieht man bestimmte Häufungspunkte, dies sind für $n = 0$ die Masse des sichtbaren Universums, für $n \approx 1/2$ die Masse von Galaxien und deren Cluster und Wälle, für $n \approx 1$ die typische Massenskalen des Lebens von der Zelle bis zur Sonnenmasse und für $n \approx 2$ Elementarteilchen wie das Proton und für $n \approx 3$ die (nahezu) masselosen Teilchen wie Photon und Neutrino. Von der selben Grössenordnung N ist weiterhin auch das Verhältnis von elektrischen zu gravitativen Kräften $F_e/F_g = e^2/4\pi\epsilon_0 G m_e m_p \approx N$ zwischen Elektron und Proton. Die Anzahl der Kernteilchen Proton und Neutron im Universum ist ebenfalls etwa N^2. Etliche weitere Übereinstimmungen dieser Art lassen Vermutungen ins Kraut schiessen, die auf enge Zusammenhängen zwischen Kosmologie und Elementarteilchenphysik schliessen lassen. Zu guter letzt sei noch erwähnt, dass sich das All als ganzes wie ein Elementarteilchen behandeln lässt, das Stichwort ist hier die *Wheeler-DeWitt-Gleichung*. Die zukünftige Forschung, die schliesslich den exakten theoretischen Zusammenhang zwischen allgemeiner Relativität und Quantentheorie noch zu klären hat, wird hier sicherlich für die eine oder andere Überraschung gut sein.

6.4 Zusammenfassung

Zusammenfassend ist zur SSM festzustellen:

1. Die SSM ist eine stark idealisierte Beschreibung eines ruhenden, nichtrotierenden elektrisch ungeladenen Massenpunktes.

2. Die SSM besitzt zwei Singularitäten, eine unechte kinematische Singularität am Schwarzschildradius und eine echte dynamische Singularität im Ursprung.

3. Die Metrik beschreibt die Wahrnehmung eines in unendlicher Entfernung ruhenden Beobachters, der seine Messungen an einem zum Massenzentrum hin freifallendem Objekt interpretieren muss.

4. Die Auswertung der Metrik am Orte r verlangt lediglich, dass die Zentralmasse in einer Kugel $R \leq r$ isotrop verteilt ist. In der idealen SSM von Droste und Weyl ist alle Masse aber in $r = 0$ singulär vereinigt.

5. Die Beschreibung wird für $r \leq r_S$ physikalisch fragwürdig, da die relative Geschwindigkeit zum ruhenden Beobachter dann c überschreitet und daher prinzipiell nicht mehr beobachtbar wird. Die Metrik für $r \leq r_S$ ist also keine Observable mehr.

6. Es ist z.Z. im Zusammenhang mit tiefergehenden quantenmechanischen Überlegungen noch ungeklärt, welche physikalische Relevanz die auftretenden Singularitäten haben oder ob sie in der idealisierten Art überhaupt existieren.

Kapitel 7

Mathematik, Teil II

In den vorangegangenen Kapiteln haben wir gesehen, dass wir schon eine Menge Relativitätsphysik nachvollziehen können, ohne jedesmal explizite Tensormanipulationen durchführen zu müssen. Viele Probleme lassen sich halt durch geschickte Betrachtungen der mathematisch/physikalischen Rahmenbedingungen erledigen. In allgemeinen Fällen müssen wir jedoch in der Lage sein, Tensorfelder explizit zu berechnen und zu manipulieren. Die Sprache der Physik ist die Sprache der Differentialgleichungen und daher müssen wir uns in die Lage versetzen Tensoren so zu differentieren, dass wiederum Tensoren dabei herauskommen.

7.1 Die kovariante Ableitung

Zunächst schauen wir uns an, was passiert wenn ich einen Tensor $A^{\bar{i}} = p_r^{\bar{i}} A^r$ partiell differentiere. Zur Erinnerung: die $p_r^{\bar{i}} = \frac{\partial x^{\bar{i}}}{\partial x^r}$ sind die Koeffizienten die sich aus der Kettenregel der Differentiation ergeben und ich schaue wie sich der Tensor bei einer Trafo des Bezugssystems $x^i \to x^{\bar{i}}$ verhält. Also definiere ich zunächst die partielle Ableitung mit dem Symbol (,) als:

$$A^{\bar{i}}_{,\bar{k}} := \frac{\partial}{\partial x^{\bar{k}}} A^{\bar{i}}$$

Nun führe ich diese Differentation durch und schaue ob sie wie ein Tensor transformiert oder nicht:

$$A^{\bar{i}}_{,\bar{k}} = \frac{\partial x^l}{\partial x^{\bar{k}}} \frac{\partial}{\partial x^l}(p^{\bar{i}}_r A^r)$$

Hier habe ich jetzt einfach die partielle Ableitung im gestrichenen System durch die Koordinaten des ungestrichenen Systems ausgedrückt und die o.a. Trafo des Tensors eingesetzt. Weitere Ausführung gemäss der Produktregel führt zu:

$$= p^l_{\bar{k}} p^{\bar{i}}_{r,l} A^r + p^l_{\bar{k}} p^{\bar{i}}_r A^r_{,l}$$

Wie du siehst, ist der zweite Term so wie ein Tensor transformieren sollte, der erste Term ist jedoch eine Unregelmässigkeit, die wir durch eine geeignetere Differentiationsregel loswerden müssen. Diese geeignete Regel ist die sogenannte kovariante Differentation, die anstelle der üblichen partiellen Differentiation treten muss. Die kovariante Ableitung wird mit der Abkürzung (;) dargestellt und soll die ordentliche Regel

$$A^{\bar{m}}_{;\bar{n}} \quad ! = \quad p^p_{\bar{n}} p^{\bar{m}}_s A^s_{,p}$$

erfüllen. Um diesen Zusammenhang mathematisch zu beschreiben, leiten wir zunächst einen speziellen Zusammenhang für ein ganz bestimmtes Koordinatensystem (einem Inertialsystem) her und verallgemeinern dann auf beliebige Koordinatensysteme. Dazu betrachten wir zunächst die Trafo zwischen zwei Inertialsystemen: In diesem System sind die obige Koeffizienten $p^l_{\bar{k}}$ nämlich Konstanten[1] und der Term $p^{\bar{i}}_{r,l}$ ist daher Null sodass die Trafo o.k. geht!

Also gilt zwischen Inertialsystemen $(,*)$ der gesuchte Zusammenhang:

$$A^{\bar{m}}_{;\bar{n}} \quad = \quad p^{p^*}_{\bar{n}} p^{\bar{m}}_{s^*} A^{s^*}_{,p^*}$$

---

[1] Die Lorentztrafo $\bar{x} = \alpha(x - v_0 t)$ ergibt $d\bar{x}/dt = -\alpha v_0 = const.$, d.h. die Ableitung dieses Terms nach einer weiteren Koordinate ergibt Null. In dem folgenden (hier beispielhaften) beschleunigten System ist dass anders: $\bar{x} = \alpha(x - v_0 t + \frac{1}{2} a_0 t^2)$ ergibt $d\bar{x}/dt = \alpha(-v_0 + a_0 t) =: f(t)$ und damit verschwindet $p^{\bar{x}}_{tt} = \alpha a_0$ nicht mehr.

7.1. DIE KOVARIANTE ABLEITUNG

Nun führen wir wie gehabt $A^{s^*}_{,p^*}$ aus[2] und erhalten:

$$A^{\bar{m}}_{;\bar{n}} = p^{p^*}_{\bar{n}} p^{\bar{m}}_{s^*}(p^a_{p^*} p^{s^*}_{ab} A^b + p^a_{p^*} p^{s^*}_b A^b_{,a})$$

Ausmultiplizieren und kürzen ergibt:

$$A^{\bar{m}}_{;\bar{n}} = p^a_{\bar{n}} p^{\bar{m}}_b A^b_{,a} + p^{\bar{m}}_a p^a_{b\bar{n}} A^b = A^{\bar{m}}_{,\bar{n}} + p^{\bar{m}}_a p^a_{b\bar{n}} A^b$$

Nun denn, der letzte Term $p^{\bar{m}}_a p^a_{b\bar{n}} A^b$ lässt sich eleganter ausdrücken, in dem man bedenkt, dass es zu jeder Metrik g unter Wahl einer geeigneten Basis eine Inertialsystem η gibt:

$$g_{\bar{n}b} = p^a_{\bar{n}} p^{\bar{m}}_b \eta_{a\bar{m}}$$

durchführt. Differenzieren bringt:

$$g_{\bar{n}b,r} = (p^a_{\bar{n}r} p^{\bar{m}}_b + p^a_{\bar{n}} p^{\bar{m}}_{br}) \eta_{a\bar{m}}$$

Der Rest ist weitere Indexgymnastik, indem man zunächst die Indizes permutiert und die erhaltenen Ausdrücke für $g_{r\bar{n},b}$ und $g_{br,\bar{n}}$ in die Definitionen für die Christoffelsymbole einsetzt. Das Ergebnis ist

$$\Gamma^{\bar{m}}_{\bar{n}b} = p^{\bar{m}}_a p^a_{\bar{n}b}$$

und damit erhalten wir als endgültigen Ausdruck für die kovariante Ableitung

$$A^m_{;n} = A^m_{,n} + \Gamma^m_{nb} A^b \tag{7.1}$$

wobei die Querstriche für die spezielle Basis weggelassen wurde, da schliesslich jedes ordentliche System ein lokales Inertialsystem besitzt, und wir durch die obigen Manipulationen den Bezug zu einem weiteren Inertialsystem losgeworden sind.

Nun das war die kovariante Ableitung eines kontravarianten Tensors, nun müssen wir noch schnell die kovariante Ableitung eines kovarianten Tensors

---

[2] Nochmals zum vertiefen: $A^{s^*}_{,p^*} = \partial_{p^*} A^{s^*} = p^a_{p^*} \partial_a A^{s^*} = p^a_{p^*} \partial_a (p^{s^*}_b A^b) = p^a_{p^*} p^{s^*}_{ab} A^b + p^a_{p^*} p^{s^*}_b A^b_{,a}$. Das sieht schlimm aus, ist aber reine Indexgymnastik unter Kenntnis der üblichen Regeln der partiellen Differentiation. Bedenke auch immer die Regel $p^{\bar{i}}_k p^k_{\bar{j}} = \delta^{\bar{i}}_{\bar{j}}$, d.h. die Basisvektoren von Bezugsystemen sind linear unabhängig.

und die kovariante Ableitung eines Skalars bestimmen. Zunächst also der Skalar: Für diesen lässt sich leicht einsehen dass

$$\Phi_{;n} = \Phi_{,n} \qquad (7.2)$$

die kovariante Ableitung gleich der partiellen Ableitung ist, da eine skalare Funktion bezugssystemunabhängig[3] ist. Da sich ein Skalar immer als Produkt zweier Vektoren darstellen lässt, folgt auch sofort die Regel für die kovariante Ableitung eines kovarianten Tensors:

$$\Phi_{;n} = (A^i B_i)_{;n} = A^i_{;n} B_i + A^i B_{i;n} = \Phi_{,n} = A^i_{,n} B_i + A^i B_{i,n}$$

Auflösen nach $B_{i;n}$ bringt:

$$B_{i;n} = B_{i,n} - \Gamma^l_{in} B_l \qquad (7.3)$$

Wir haben hier allerdings behauptet, dass die kovariante Ableitung auch die Kettenregel der Differentiation erfüllt. Der explizite Nachweis kann durch direkte Berechnung geführt werden. Für höherwertige Tensoren $T^{ik\ldots}_{lm\ldots} = A^i B^k \cdot \ldots C_l D_m$ gilt daher:

$$T^{ik\ldots}_{lm\ldots;r} = T^{ik\ldots}_{lm\ldots,r} + \Gamma^i_{rs} T^{sk\ldots}_{lm\ldots} + \Gamma^k_{rs} T^{is\ldots}_{lm\ldots} + \ldots - \Gamma^s_{rl} T^{ik\ldots}_{sm\ldots} - \Gamma^s_{rm} T^{ik\ldots}_{ls\ldots} - \ldots \qquad (7.4)$$

7.2 Besondere Eigenschaften von (;)

Bildet man nun einmal die kovariante Ableitung einer Metrikkomponente, so stellt man fest dass diese praktischerweise kovariant konstant sind:

$$g_{ik;l} = g_{ik,l} - \Gamma^r_{il} g_{rk} - \Gamma^r_{kl} g_{ir}$$

$$= g_{ik,l} - g^{sr} \Gamma_{sil} g_{rk} - g^{sr} \Gamma_{skl} g_{ir}$$

$$= g_{ik,l} - \frac{g^{sr}}{2}(g_{si,l} + g_{sl,i} - g_{il,s}) g_{rk} - \frac{g^{sr}}{2}(g_{sk,l} + g_{sl,k} - g_{kl,s}) g_{ir}$$

---

[3]Das ist klar weil z.B. der skalare Wert der Temperatur $T(\mathbf{x})$ am Ort $\mathbf{x}$ unabhängig davon ist, ob wir kartesische oder polare Koordinaten zur Beschreibung des Ortes nehmen; dagegen sind die Werte der Komponenten der gerichteten Kraft $\mathbf{F}(\mathbf{x}) = (F_0(\mathbf{x}),..,F_3(\mathbf{x}))$ abhängig von der gewählten Beschreibung des Ortes. Der Betrag dieser Kraft $|F| = \sqrt{F_i^2}$ ist als skalare Funktion natürlich wieder unabhängig von der gewählten Basis.

7.2. BESONDERE EIGENSCHAFTEN VON (;)

$$= g_{ik,l} - \frac{g_k^s}{2}(g_{si,l} + g_{sl,i} - g_{il,s}) - \frac{g_i^s}{2}(g_{sk,l} + g_{sl,k} - g_{kl,s})$$

$$= g_{ik,l} - \frac{1}{2}(g_{ki,l} + g_{kl,i} - g_{il,k}) - \frac{1}{2}(g_{ik,l} + g_{il,k} - g_{kl,i})$$

$$= g_{ik,l} - g_{ik,l} - \frac{1}{2}g_{kl,i} + \frac{1}{2}g_{kl,i} - \frac{1}{2}g_{il,k} + \frac{1}{2}g_{il,k} = 0$$

Es gilt also nach einfacher[4] Rechnung

$$g_{ik;l} = 0$$
$$g^{ik}_{;l} = 0 \qquad (7.5)$$

was zur Folge hat, dass man auch die Indizes der kovarianten Ableitung wie gehabt mit Hilfe des Metriktensors rauf- und runterziehen kann:

$$A^i_{;k} = (g^{il}A_l); k = g^{il}A_{l;k}$$

$$A^{i;k} := g^{kl}A^i_{;l}$$

Merke dir also bezüglich der kovarianten Ableitung: *In gekrümmten Räumen ersetzt die kovariante Ableitung die übliche partielle Ableitung!* Als Kennzeichnung für die kovariante Ableitung dient das Semikolon (;) oder ein Nablaoperator mit hoch- ∇^i bzw. tiefgestelltem Index ∇_i, also $A^{i;k} := \nabla^k A^i$. Das übliche totale Differential $df/dt = \partial f/\partial x^k \cdot dx^k/dt$ wird also zu

$$\frac{DA^i}{D\tau} = \nabla_k A^i \frac{dx^k}{d\tau} = \frac{dA^i}{d\tau} + \Gamma^i_{kj} A^j \frac{dx^k}{d\tau}$$

Wenn die totale Ableitung eines Vektors verschwindet

$$\frac{DA^i}{D\tau} = 0$$

---

[4]Schon im ersten ernsthaften Anlauf 1913, gut 2 Jahre vor der Fertigstellung der ART, stellten Einstein und sein Freund Marcel Grossmann praktisch die ganze Theorie weitestgehend korrekt auf. Jedoch kamen sie an diesem Punkt in grösste Zweifel, da das kovariante Verschwinden der Metrikkomponenten eine allgemeine Flachheit des Raumes und damit Unbrauchbarkeit der Theorie zu implizieren schien. Einstein verlies daher zunächst wieder den eigentlich richtigen Weg um 1915 schliesslich wieder auf die alten Einsichten zurückzukommen. Das eigentliche Problem an dieser Stelle ist nämlich, dass die Feldgleichungen aufgrund der innewohnenenden Symmetrien unterbestimmt und durch vernünftige Randbedingungen zu ergänzen sind.

dann nennt man diesen Vektor *parallelverschoben*. Wenn du für A^i einmal einen tangentialen Vektor $A^i = dx^i/d\tau$ setzt, so siehst du gleich, dass die Geodätengleichung genau den Fall eines parallelverschobenen Tangential- bzw. Geschwindigkeitsvektors darstellt. Die so wichtige Geodäten- oder Bewegungsgleichung der ART ist also in der Theorie der Differentation auf gekrümmten Mannigfaltigkeiten *natürlicherweise enthalten*.

7.3 Der Krümmungstensor

Nun müssen wir ein geeignetes differentialgeometrisches Mass der Krümmung herleiten. Dieses Mass wird der Krümmungstensor sein. Wie bemesse ich die Krümmung? Klassisch nehme ich mir z.B. einen gekrümmten Kreisweg $\mathbf{r}(t) = (R\cos\omega t, R\sin\omega t)$ auf der euklidischen Fläche R^2. Die Krümmung ist dann die zweifache Ableitung[5] nach t sodass $\ddot{\mathbf{r}} = -\omega^2 \cdot (R\cos\omega t, R\sin\omega t)$ und damit ist die Krümmung $K \propto \partial_{tt} r$ also auch proportional der Beschleunigung oder Kraft. Bei dieser Betrachtung ist jedoch der äussere Hilfsraum R^2 herangezogen worden. Im allgemeinen gilt aber, dass dies garnicht notwendig und letztlich schädlich ist. Die Krümmungseigenschaften eines Raumes lassen sich nämlich aus dem gegebenen Raum selbst bestimmen. Dies besagt dass *Theorema egregium* von Gauss (1827). Gauss, der sich mit Problemen der Geodäsie befasste, stellte nämlich als erster fest dass sich die Krümmung einer Fläche allein aus Messungen der Metrik bestimmen lässt, ohne Benutzung des umgebenden Raumes.

Die Verallgemeinerung des Theorema egregium durch Riemann auf beliebig dimensionale Mannigfaltigkeiten führte zum Riemannschen Krümmungstensor als Mass für die Krümmungseigenschaften eines gegebenen Raumes. Dazu benutzt man folgende Eigenschaft: Denke dir z.B. die Erdkugel. Nehme einen Tangentenvektor am Äquator bei 0 Grad Länge und parallelverschiebe ihn an diesem entlang bis 90 Grad östlicher Länge. An dieser Stelle ist der Vektor also immer noch tangential zum Äquator und senkrecht zum Längengrad 90 Ost. Nun parallelverschiebe den Vektor entlang dieses Längengrades bis zum Nordpol wo er nun weiterhin senkrecht zum Längengrad 90 Ost aber tangential zum Längengrad 0 ist. Nun verschiebe ihn parallel zum Ausgangspunkt

---

[5]Die erste Ableitung ist die Geschwindigkeit, dies ist eine Tangente an den Kreis. Die zweite Ableitung ist dann die Änderung dieses Vektors mit der Zeit oder auch Beschleunigung genannt und sie zeigt in Richtung des Krümungszentrums.

7.3. DER KRÜMMUNGSTENSOR

entlang des Längengrades 0 zum Äquator. Dort ist er nun weiterhin tangential zum Längengrad 0 aber jetzt senkrecht zum Äquator! Der Ausgangsvektor wurde also um satte 90 Grad gedreht nach Parallelverschiebung entlang einer geschlossenen Kurve. Wenn du die selbe Prozedur nun noch in umgekehrter Reihenfolge durchläufts, so siehst du dass der Vektor dann ebenfalls um 90 Grad gedreht wird, diesmal jedoch in die andere Richtung zum Äquator zeigt! Die parallelverschobenen Vektoren nach Weg 1 und Weg 2 unterscheiden sich sogar um satte 180 Grad. Mache nun das gleiche entlang einer geschlossenen Kurve auf einer ebenen Fläche, z.B. entlang eines Dreiecks oder Quadrates auf einem glatten Stück Papier, so ist der Effekt in jedem Falle jedoch Null!

Der Effekt der Paralleverschiebung entlang geschlossener Kurven ist für unsere Zwecke also dass geeignete Mass, insbesondere weil wir dazu nicht die Hilfe eines ominösen und unphysikalischen Hyperraums annehmen müssen. Speziell betrachtet man den Unterschied den es macht, ob man eine infinitesimale Parallelverschiebung einmal in die eine und dann die andere Richtung macht. Der so definierte Krümmungstensor ist daher

$$(\nabla_k \nabla_j - \nabla_j \nabla_k) v_i =: R^r_{ikj} v_r \qquad (7.6)$$

und der explizite Ausdruck für R^r_{ikj} ergibt sich einfach durch Ausrechnung des Vertauschungsgesetzes der kovarianten Ableitung. Dazu berechnest du den Wert von $v_{i;k;j}$ und $v_{i;j;k}$ und bildest die Differenz der beiden Ausdrücke. Das Ergebnis nach der üblichen Indexgymnastik ist

$$v_{i;k;j} - v_{i;j;k} = (\Gamma^r_{ij,k} - \Gamma^r_{ik,j} + \Gamma^r_{mk}\Gamma^m_{ij} - \Gamma^r_{mj}\Gamma^m_{ik}) v_r$$

und damit

$$R^r_{ikj} = \Gamma^r_{ij,k} - \Gamma^r_{ik,j} + \Gamma^r_{mk}\Gamma^m_{ij} - \Gamma^r_{mj}\Gamma^m_{ik} \qquad (7.7)$$

sind die einzelnen Komponenten des Krümmungstensors jeweils aus zehn Termen der Metrik zu bestimmen; die ersten beiden Terme sind zweifache Ableitungen und die restlichen acht Terme (Summation über m) sind Quadrate der einfachen Ableitungen der Metrikkomponenten. Weiters lässt sich der *vollständig kovariante Krümmungstensor*

$$R_{mijk} := g_{mr} R^r_{ikj} \qquad (7.8)$$

durch Multiplikation und Überschiebung mit der Metrik bilden sowie der *Ricci-Tensor*

$$R_{ik} := R^m_{ikm} \qquad (7.9)$$

durch Verjüngung und der *Krümmungsskalar*

$$R := g^{ik} R_{ik} \tag{7.10}$$

durch eine letzliche Multiplikation und Verjüngung mit dem Metriktensor.

Der vollständige Krümmungstensor hat vier Indizes und hätte also sagenhafte $4^4 = 256$ Komponenten und zur expliziten Berechnung wären also unglaubliche 4608 Christoffel-Terme zu berechnen, von denen 512 auch noch zu differenzieren wären. Gott sei Dank unterliegen dem Krümmungstensor etliche Symmetrien und Identitäten, die sich aus umfänglichen Betrachtungen des so gewonnenen Tensors ergeben und die die Anzahl der unabhängigen Komponenten auf halbwegs erträgliche 20 Komponenten mit insgesamt maximal 360 Christoffeltermen reduzieren:

$$\begin{aligned}
R_{hijk} &= -R_{ihjk} \\
R_{hijk} &= -R_{hikj} \\
R_{hijk} &= R_{jkhi} \\
R_{ik} &= R_{ki} \\
R_{hijk} + R_{hjki} + R_{hkij} &= 0 \\
R^h_{ijk;l} + R^h_{ikl;j} + R^h_{ilj;k} &= 0 \\
R^h_{k;h} &= \frac{R_{;k}}{2}
\end{aligned} \tag{7.11}$$

Die letzten beiden Formeln sind äquivalent und bezeichnen die sogenannten *Bianchi-Identitäten*. Letztere Identität ist von elementarer Bedeutung: Die Feldgleichung $G_{ik} = R_{ik} - \frac{1}{2} g_{ik} R = -\kappa T_{ik}$ ist daher kovariant konstant! Dies bedeutet insbesondere, dass dann auch der noch zu beschreibende Energie/Impulstensor T ebenfalls kovariant konstant sein muss oder mit anderen Worten: Die Energie und Impulserhaltung ist eine *direkte und elementare Folge* der Raumzeitgeometrie.

Kapitel 8

Der Energie/Impulstensor

Der letzte fehlende Teil zur Theorie ist ein allgemeiner Ausdruck für den Energie/Impulstensor. Aus der intuitiven Herleitung der Feldgleichungen wissen wir schon, dass dieser Tensor im einfachsten Fall durch

$$T_{00} = \rho(\mathbf{x})c^2 \qquad T_{ij} = 0 \quad \text{sonst}$$

gegeben ist oder je nach gewählter Konvention auch einfach $T_{00} = \rho$. Das ergibt sich aus der analogen Anpassung an den klassischen Term $\Delta U = 4\pi G\rho$. Im Falle eines Massenpunktes ist er durch eine Deltafunktion am Orte $\mathbf{x}_0$ gegeben:

$$T_{00} = \rho_0 \cdot \delta(\mathbf{x} - \mathbf{x}_0)c^2 \qquad T_{ij} = 0 \quad \text{sonst}$$

Weiterhin wissen wir, dass er im allgemeinen symetrisch

$$T_{ij} = T_{ji}$$

ist[1] und dass er kovariant konstant, d.h. Divergenzfrei

$$\nabla^k T_{ij} = 0$$

ist. In allgemeineren Fällen müssen auf den Diagonalelementen die Impulsdichten stehen

$$\mathbf{T} = \text{diag}(\rho_{\text{E}}, \rho_{\text{p}_x}, \rho_{\text{p}_y}, \rho_{\text{p}_z})$$

---

[1] Das ergibt sich aus der Tatsache, dass sowohl der Riccitensor als auch die Metrik symmetrisch ist.

und in allgemeinsten Fällen, wo auch Energie- und Impulsstromdichten[2] zwischen den verschieden Raumzeitrichtungen wichtig sind

$$\mathbf{T} = \begin{pmatrix} \rho_E & \rho_{Epx} & \rho_{Epy} & \rho_{Epz} \\ \rho_{Epx} & \rho_{p_x} & \rho_{p_{xy}} & \rho_{p_{xz}} \\ \rho_{Epy} & \rho_{p_{xy}} & \rho_{p_y} & \rho_{p_{yz}} \\ \rho_{Epz} & \rho_{p_{xz}} & \rho_{p_{yz}} & \rho_{p_z} \end{pmatrix}$$

werden u.U. alle Komponenten besetzt sein.

Diese Vorschrift ist allerdings etwas unbefriedigend, da ich hier nur einsetzen kann, was ich eh schon weiss. Besser ist es, wenn ich eine Aussage über meine Materiefelder habe und aus diesen Gleichungen einen passenden Energie/Impulstensor herzaubern kann. Eine solche Vorschrift existiert und wird gleich beschrieben. Albert Einsteins weiterer wissenschaftlicher Weg beschäftigte sich aber noch tiefergehend mit dieser Frage. Denn die Feldgleichung $G_{ik} = -\kappa T_{ik}$ enthält ja eine gewisse Asymetrie, denn danach bestimmt die Materie/Energie zwar die Metrik, aber die Metrik bestimmt nicht die Materie. Logischer erscheint da die Annahme der Äquzivalenz von Geometrie ⇔ Materie. Also suchten er und andere nach selbstkonsistenten, teilchenartigen (quantisierenden) und singularitätenfreien Lösungen der homogenen Feldgleichung $G_{ik} = 0$. Diese Bemühungen sind allerdings bis heute nicht befriedigend ausgegangen. Es erscheint fraglich ob sich eine Theorie der Quanten aus einer Kontinuumstheorie wie der ART herleiten lässt, viel wahrscheinlicher erscheint die Ableitung einer Kontinuumstheorie als Grenzfall einer Quantentheorie für genügend hohe Quantendichten. Aber ein letztes Wort in der grossen Vereinigung aller wichtigen Theorien (ART, Elektrodynamik, Quantentheorie/Standardmodell, Thermodynamik) ist noch lange nicht gesprochen.

Wie sieht nun die allgemeine Vorschrift zur Bestimmung dieses so wichtigen Tensors, der die rechte Seite der Feldgleichung bestimmt, aus? Dazu muss ich etwas weiter ausholen. Die allgemeine Herleitung der ART durch Einstein gründete auf geschickte physikalische und mathematische Annahmen über die Natur der Dinge und fundiertem Wissen über das, was am Ende der Theorie herauskommen musste (Newtonscher Grenzfall). Für die Theorie befriedigender ist es natürlich, wenn solche fundamentalen Gleichungen aus einfachen und grundlegenden Theoremen zwanglos folgen. Das hier angesprochene fundamen-

---

[2]Impulsdichten (und als deren Funktion die Drücke) sind je nach Wahl der Einsteinkonstante $\rho v_{ij} c$ oder $\rho v_{ij}/c$.

tale Prinzip ist das *Noethertheorem*. Emmy Noether war auch Mitarbeiterin von Hilbert, der zeitgleich mit Einstein die Feldgleichungen aus einem Variationsprinzip herleitete. Noether entwickelte diese Methode zur Perfektion weiter und schaffte etwas später damit eine der fundamentalsten Erkenntnisse der modernen Mathematik und Physik. Bezeichnen wir Einstein als Vater der allgemeinen Relativitätstheorie so ist Noether gewissermassen die Mutter aller Theorien (zumindest zur Zeit noch).

Das Noethertheorem garantiert automatisch die Existenz von Erhaltungssätzen und gibt auch eine Grundlage für die Quantisierung, sofern die zugrundeliegenden Gleichungen aus einem Variationsprinzip hergeleitet werden können. Für dieses Verfahren benötigt man zunächst mal eine Invariante über die variiert werden kann. Im Falle der homogenen Feldgleichungen ist dass der Krümmungsskalar R der invariant unter Wahl des Koordinatensystems ist, und das Volumenintegral $\int dV = \int \sqrt{-g} d^4x$ gibt dann das Wirkungsintegral W_F des homogenen Feldes:

$$W_F = \frac{1}{2\kappa} \int R\sqrt{-g} d^4x$$

Die Ausführung der Variation, die ich hier der Kürze halber nicht explizit durchführen will, ergibt den bekannten Zusammenhang

$$R_{ik} - \frac{1}{2} g_{ik} R = 0$$

des quellenfreien Gravitationsfeldes. Auf der anderen Seite ist nun auch die Wirkung von allgemeinen Materiefeldern $A(\mathbf{x})$ zu variieren. Dazu braucht man die Lagrangefunktion der Materiefelder $L_M(A, g_{ik})$ die i.a. vom Feld selbst und der Metrik abhängig ist. Das Wirkungsintegral der Materie

$$W_M = \int L_M \sqrt{-g} d^4x$$

muss zur Gesamtwirkung addiert werden, so dass das vollständige Wirkungsintegral der ART durch

$$W = \int \left(\frac{R}{2\kappa} + L_M(A, g_{ik}) \right) \sqrt{-g} d^4x \qquad (8.1)$$

gegeben ist. Die Durchführung der Variation mit den bei der Herleitung der Geodätengleichung erwähnten Euler-Lagrangegleichungen ergeben als allgemeinen Ausdruck für den Energie/Impulstensor:

$$T_{ik} := \frac{2}{\sqrt{-g}} \left((\sqrt{-g}L_M)_{,g^{ik}} - (\frac{\partial(\sqrt{-g}L_M)}{\partial g^{ik}_{,m}})_{,x^m} \right) \qquad (8.2)$$

Ein allgemeiner Beweis, dass dieser Tensor auch der richtige ist, wurde 1938 von Rosenfeld und Marx gegeben. Eine wichtige Problematik siehst du auch hier gleich: Bei gegebenen Materiefeldern ist der Energie/Impuls-Tensor eine Funktion der Metrikelemente! Das bedeutet aber, dass du erst kontrollieren kannst, ob T kovariant-konstant ist, wenn du die Metrik bereits kennst! Diese Selbsbezüglichkeit erfordert, dass du am Ende deiner Berechnungen noch einmal kontrollieren musst, ob dein ursprünglich veranschlagter Energie/Impulstensor wirklich zu gebrauchen war.

An dieser Stelle sind wir fürs erste mit der reinen Theorie durch. Natürlich gibt es noch sehr viel mehr grundsätzliches zu sagen, aber dass muss durch weiterführende Literatur bewältigt werden. Die Arbeitsanweisung für die Benutzung der Theorie lautet somit:

1. Suche dir die deinem Problem angepasste Materie/Energie/Impulsdichte-Verteilung T_{ik},

2. bestimme die Randbedingungen deines Problems (Flachheit im Unendlichen, Newtonscher Grenzfall u.a.), sowie alle zugrundeliegenden Symmetrien und Invarianzen, insbesondere dass geignetste Koordinatensystem zur Problembeschreibung. Dieser Punkt ist besonders wichtig, denn wenn du die einem speziellen Problem innewohnenden Freiheiten nicht vollständig ausnutzt, wird das Problem u.U. praktisch unlösbar,

3. berechne daraus die Metrik gemäss $G_{ik} = -\kappa T_{ik}$ und kontrolliere nocheinmal ob dein Tensor T wirklich kovariant-konstant ist,

4. berechne wenn gewünscht aus den Metrikkomponenten die gesuchte Bewegungsgleichung gemäss der Geodätengleichung.

In der Praxis bedeutet dies allerdings leider oft die Kalkulation hunderter von Termen und monatelange Rechnerei. Bevor man dass angeht, ist es daher ratsam erstmal in der Literatur nach bekannten Lösungen[3] zu forschen, zumahl viele Lösungen zwar optisch neu aussehen, aber in Wirklichkeit nur isomorphe Darstellungen schon bekannter Metriken sind.

Damit sind wir mit der wesentlichen Theorie durch. Nun folgen Awendungen der Theorie und Vertiefungen bzw. Fundamentierungen der ART. Dieses Tutorial endet jedoch hier. Nun hast du das nötige Rüstzeug, um dich mit weiterführender Literatur zu beschäftigen. Als erstes würde ich zu einem Buch über Kosmologie greifen, z.B.: Liebscher, D.-E., Kosmologie, Einführung für Studierende der Astronomie, Physik und Mathematik. Darin lernst du dann auch die sogenannte kosmologische Konstante Λ kennen, denn die Feldgleichungen lassen sich mit einer Konstanten vervollständigen:

$$R_{ik} - \frac{1}{2} g_{ik} R + \Lambda g_{ik} = -\frac{8\pi G}{c^4} T_{ik} \qquad (8.3)$$

Normalerweise wird diese zu Null gesetzt, doch spricht rein mathematisch nichts gegen dass hinzufügen einer solchen additiven Konstanten, die die Feldgleichungen erst logisch vervollständigt. Anfangs führte Einstein diese ein, um damit ein statisches Universum, an das man damals glaubte, beschreiben zu können. Als der amerikanische Astronom Hubble jedoch wenig später die Expansion des Weltalls entdeckte und mit der nach ihm benannten Hubblekonstanten beschrieb, da nannte Albert diese Idee vorschnell seine grösste Eselei. Heute ist diese Konstante jedoch ein höchst wichtiger Baustein zur Beschreibung des Kosmos geworden.

---

[3]Du kannst z.B. in der *Interactive Geometric Database* nachschauen, in der bekannte Lösungen gesammelt werden: http://grdb.org

www.ingramcontent.com/pod-product-compliance
Lightning Source LLC
Chambersburg PA
CBHW082341220526
45470CB00008B/2588